职业教育**数字媒体应用**人才培养系列教材

电子活页微课版

InDesign

实例教程

InDesign 2020

孙琳 张雷◎主编 马静媛 赵婷婷 于子敬 戎钰◎副主编

人民邮电出版社

北 京

图书在版编目（CIP）数据

InDesign 实例教程：InDesign 2020：电子活页微
课版 / 孙琳，张雷主编. -- 北京：人民邮电出版社，
2025. -- （职业教育数字媒体应用人才培养系列教材）.
ISBN 978-7-115-65130-3

Ⅰ. TS803.23

中国国家版本馆 CIP 数据核字第 2024ZF6255 号

内 容 提 要

本书全面、系统地介绍 InDesign 2020 的基本操作方法和排版技巧，具体包括 InDesign 2020 入门
知识、绘制和编辑图形对象、路径的绘制与编辑、编辑描边与填充、编辑文本、处理图像、版式编排、
表格与图层、页面编排、创建目录和书籍、综合设计实训等内容。

本书将案例融入软件功能的介绍之中。通过课堂案例演练，学生可以快速掌握软件的操作方法；
通过课堂练习和课后习题，学生可以提高实际应用能力。第 11 章综合设计实训设有 5 个商业实例，力
求拓宽学生的设计思路，使其达到 InDesign 应用实战水平。

本书适合作为高等职业院校数字媒体类专业 InDesign 课程的教材，也可作为 InDesign 初学者的参
考书。

◆ 主　编　孙　琳　张　雷
　　副主编　马静媛　赵婷婷　于子敬　戎　钰
　　责任编辑　王亚娜
　　责任印制　王　郁　焦志炜

◆ 人民邮电出版社出版发行　　北京市丰台区成寿寺路 11 号
　　邮编　100164　电子邮件　315@ptpress.com.cn
　　网址　https://www.ptpress.com.cn
　　北京天宇星印刷厂印刷

◆ 开本：787×1092　1/16
　　印张：14.5　　　　　　　　　　2025 年 1 月第 1 版
　　字数：366 千字　　　　　　　　2025 年 1 月北京第 1 次印刷

定价：59.80 元

读者服务热线：(010)81055256　印装质量热线：(010)81055316
反盗版热线：(010)81055315

前 言

　　InDesign 是由 Adobe 公司开发的专业设计排版软件。它功能强大、易学易用，深受版式编排人员和平面设计师的喜爱。目前，我国很多高等职业院校的数字媒体类专业都将 InDesign 作为一门重要的专业课程。为了帮助教师全面、系统地讲授这门课程，使学生能够熟练地使用 InDesign 进行版式设计，我们几位长期从事 InDesign 教学的教师共同编写了本书。

　　本书全面贯彻党的二十大精神，以社会主义核心价值观为引领，传承中华优秀传统文化，坚定文化自信。为使内容更好地体现时代性、把握规律性、富于创造性，我们对本书的编写体系做了精心的设计，重点内容按照"课堂案例—软件功能解析—课堂练习—课后习题"的顺序编排，通过大量的案例帮助学生熟练掌握软件功能，熟悉排版流程，使其能够举一反三，学以致用，了解当前的商业设计规范，提升就业竞争力。在内容选取方面，本书力求细致全面、重点突出；在文字叙述方面，本书注意言简意赅、通俗易懂；在案例设计方面，本书强调案例的针对性和实用性。

　　为方便教师教学，本书提供书中所有案例的素材文件及效果文件，并配有微课视频、PPT 课件、教学大纲、电子教案等丰富的教学资源，任课教师可到人邮教育社区（www.ryjiaoyu.com）搜索本书免费下载。本书的参考学时为 64 学时，其中实训环节为 22 学时，各章的参考学时参见下页的学时分配表。

前 言

章	内 容	学时分配	
		讲 授	实 训
第 1 章	InDesign 2020 入门知识	2	—
第 2 章	绘制和编辑图形对象	4	2
第 3 章	路径的绘制与编辑	2	2
第 4 章	编辑描边与填充	4	2
第 5 章	编辑文本	4	2
第 6 章	处理图像	2	2
第 7 章	版式编排	6	2
第 8 章	表格与图层	4	2
第 9 章	页面编排	6	2
第 10 章	创建目录和书籍	2	2
第 11 章	综合设计实训	6	4
学 时 总 计		42	22

由于编者水平有限,书中难免存在不足之处,敬请广大读者批评指正。

编者

2024 年 11 月

教学辅助资源

资源类型	数量	资源类型	数量
教学大纲	1 份	PPT 课件	11 章
电子教案	1 套	微课视频	60 个

微课视频列表

章	微课视频	章	微课视频
第 2 章 绘制和编辑图形对象	绘制向日葵插画	第 7 章 版式编排	制作女装 Banner
	绘制闹钟图标		制作传统文化台历
	绘制卡通船		制作冰糖葫芦宣传单
	绘制长颈鹿插画		制作购物中心海报
第 3 章 路径的绘制与编辑	绘制丹顶鹤插画	第 8 章 表格与图层	制作汽车广告
	绘制鱼餐厅标志		制作旅游广告
	绘制琵琶插画		制作木雕广告
	绘制海滨插画	第 9 章 页面编排	制作美妆杂志封面
第 4 章 编辑描边与填充	绘制家居插画		制作美妆杂志内页
	制作牛奶草莓广告		制作房地产画册封面
	绘制音乐图标		制作房地产画册内页
	绘制端午节插画	第 10 章 创建目录和书籍	制作美妆杂志目录
第 5 章 编辑文本	制作家具画册内页		制作美妆杂志书籍
	制作刺绣卡片		制作房地产画册目录
	制作糕点宣传单		制作房地产画册书籍
	制作糕点宣传单内页	第 11 章 综合设计实训	制作购物节宣传单
第 6 章 处理图像	制作茶叶广告		制作《食客厨房》杂志封面
	制作美食宣传海报		制作猪肉酥包装
	制作空调扇广告		制作饰品画册封面
			制作饰品画册内页

扩展知识扫码阅读

设计基础

- 认识形体
- 透视原理
- 认识设计
- 认识构成
- 形式美法则
- 点线面
- 基本型与骨骼
- 认识色彩
- 认识图案
- 图形创意
- 版式设计
- 字体设计

设计应用

- 创意绘画
- 图标设计
- 装饰设计
- VI设计
- UI设计
- UI动效设计
- 标志设计
- 包装设计
- 广告设计
- 文创设计
- 网页设计
- H5页面设计
- 电商设计
- MG动画设计
- 网店美工设计
- 新媒体美工设计

目 录

目 录

目 录

目 录

01

第 1 章
InDesign 2020 入门知识

本章主要介绍 InDesign 2020 的操作界面，对工具箱、面板、文件、视图与窗口的基本操作等进行详细的讲解。通过本章的学习，读者可以了解并掌握 InDesign 2020 的基本功能，为进一步学习 InDesign 2020 打下坚实的基础。

学习目标

- ✔ 了解 InDesign 2020 的操作界面。
- ✔ 掌握文件的基础操作。
- ✔ 掌握视图与窗口的基础操作。

素养目标

- ✔ 提高计算机操作水平。
- ✔ 培养不断探索新知识的学习精神。

1.1 InDesign 2020 的操作界面

本节介绍 InDesign 2020 的操作界面，主要对菜单栏、控制面板、工具箱、面板、状态栏等进行详细的讲解。

1.1.1　操作界面

InDesign 2020 的操作界面主要由菜单栏、控制面板、标题栏、工具箱、面板、页面区域、滚动条、泊槽、状态栏等部分组成，如图 1-1 所示。

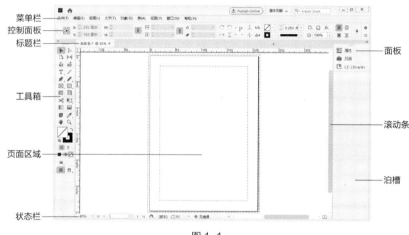

图 1-1

菜单栏：包括 9 个菜单项，单击菜单项可打开菜单，每个菜单又包括多个子菜单。通过应用菜单命令可以完成基本操作。

控制面板：选取或调用与当前页面中所选项目或对象有关的选项。

标题栏：左侧是当前文档的名称和显示比例，右侧是控制窗口的按钮。

工具箱：包括 InDesign 2020 中所有的工具。大部分工具是以工具组的形式呈现，工具组中包含功能相似的工具。

面板：可以快速调出许多设置数值和调节功能的面板，它是 InDesign 2020 中最重要的组件之一。面板可以折叠，还可根据需要分离或组合，具有很大的灵活性。

页面区域：指在操作界面中间以黑色实线表示的矩形区域，这个区域的大小就是用户设置的页面大小。

滚动条：当屏幕内不能完全显示出整个文档的时候，可通过拖曳滚动条来实现对整个文档的浏览。

泊槽：用来组织和存放面板。

状态栏：显示当前文档的所属页面、文档所处的状态等信息。

1.1.2　菜单栏

熟练地使用菜单栏能够快速、有效地完成绘制和编辑任务，提高排版效率。下面对菜单栏进行详细介绍。

InDesign 2020 中的菜单栏包含"文件""编辑""版面""文字""对象""表""视图""窗口""帮助"9 个菜单项,如图 1-2 所示。单击菜单项即可弹出对应菜单,如单击"版面"菜单项,将弹出图 1-3 所示的菜单。

文件(F) 编辑(E) 版面(L) 文字(T) 对象(O) 表(A) 视图(V) 窗口(W) 帮助(H)

图 1-2

菜单的左侧是命令的名称,在经常使用的命令右侧有该命令的快捷键,直接按快捷键执行该命令,可以提高操作速度。例如,"版面 > 转到页面"命令的组合键为 Ctrl+J。

有些命令的右侧有一个向右的灰色箭头">"图标,表示该命令还有相应的子菜单,单击即可弹出。有些命令的右侧有省略号"…",表示单击该命令可弹出相应的对话框,用户可以在对话框中进行更详细的设置。有些命令呈灰色,表示该命令在当前状态下不可用,需要选中相应的对象或进行合适的设置后,该命令才会变为黑色可用状态。

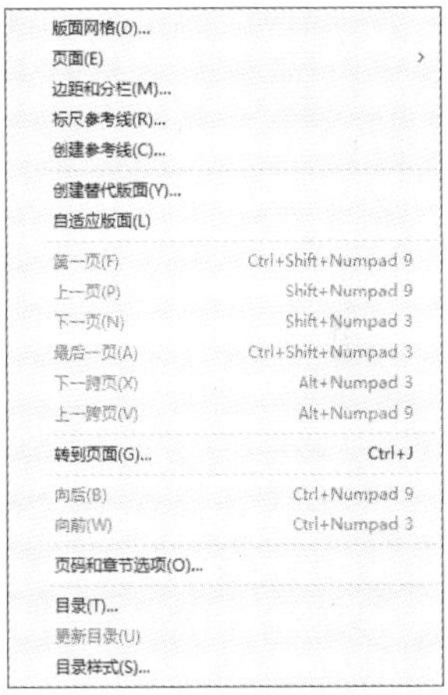

1.1.3 控制面板

当用户选择不同对象时,InDesign 2020 的控制面板将显示不同的选项,图 1-4~图 1-6 所示的控制面板就有所不同。

图 1-3

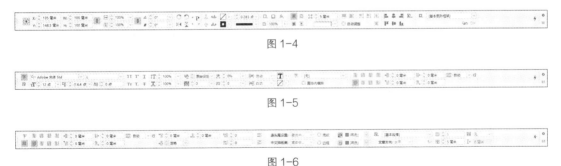

图 1-4

图 1-5

图 1-6

使用工具绘制图形对象时,可以在控制面板中设置所绘制对象的相关属性,并且可以对图形、文本和段落的属性进行设定和调整。

提示

当控制面板中的选项改变时,可以通过工具提示来了解有关每一个选项的更多信息。工具提示在将鼠标指针移到图标或选项上停留片刻就会自动出现。

1.1.4 工具箱

InDesign 2020 工具箱中的工具具有强大的功能,这些工具可以用来编辑文字、形状、线条、渐变等页面元素。

　　工具箱不能像其他面板一样进行堆叠、连接操作，但是可以通过单击工具箱上方的 图标实现单栏或双栏显示；或拖曳工具箱的标题栏到页面中，将其变为活动面板。单击工具箱上方的 图标可在垂直、水平和双栏 3 种外观间切换，如图 1-7 ~ 图 1-9 所示。工具箱中部分工具的右下角带有一个黑色三角形，表示该工具还有隐藏工具组。按住该工具不放，即可展开工具组。

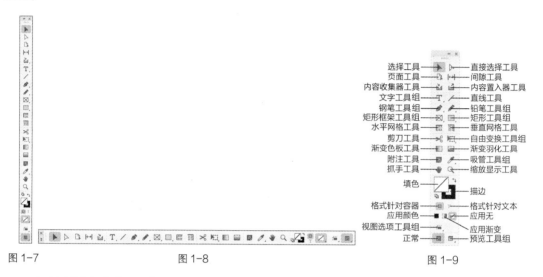

图 1-7　　　　　　　　　　图 1-8　　　　　　　　　　　　　图 1-9

　　下面分别介绍各个工具组。

　　文字工具组包括 4 个工具："文字工具""直排文字工具""路径文字工具""垂直路径文字工具"，如图 1-10 所示。

　　钢笔工具组包括 4 个工具："钢笔工具""添加锚点工具""删除锚点工具""转换方向点工具"，如图 1-11 所示。

　　铅笔工具组包括 3 个工具："铅笔工具""平滑工具""抹除工具"，如图 1-12 所示。

　　矩形框架工具组包括 3 个工具："矩形框架工具""椭圆框架工具""多边形框架工具"，如图 1-13 所示。

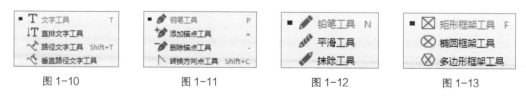

图 1-10　　　　　　　　图 1-11　　　　　　　　图 1-12　　　　　　　　图 1-13

　　矩形工具组包括 3 个工具："矩形工具""椭圆工具""多边形工具"，如图 1-14 所示。

　　自由变换工具组包括 4 个工具："自由变换工具""旋转工具""缩放工具""切变工具"，如图 1-15 所示。

　　吸管工具组包括 3 个工具："颜色主题工具""吸管工具""度量工具"，如图 1-16 所示。

　　视图选项工具组包括 6 个工具："框架边线""标尺""参考线""智能参考线""基线网格""隐藏字符"，如图 1-17 所示。

　　预览工具组包括 4 个工具："预览""出血""辅助信息区""演示文稿"，如图 1-18 所示。

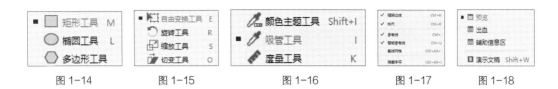

图 1-14　　　　图 1-15　　　　　图 1-16　　　　图 1-17　　　图 1-18

1.1.5　面板

InDesign 2020 提供了多种面板，主要有附注、渐变、链接、描边、任务、色板、属性、图层、文本绕排、表、效果、信息、颜色、页面等面板。

1．显示某个面板或其所在的组

在"窗口"菜单中选择某个面板命令，可调出该面板或其所在的组。要隐藏面板，可在"窗口"菜单中再次选择该面板命令。如果面板已经在页面上显示，那么"窗口"菜单中对应面板命令前会显示"√"图标。

2．排列面板

在面板组中，单击对应面板的标签，该面板就会被选中并显示为可操作的状态，如图 1-19 所示。把其中一个面板拖到面板组的外面（见图 1-20），可使该面板独立，如图 1-21 所示。

按住 Alt 键的同时拖曳其中一个面板的标签，可以移动整个面板组。

图 1-19　　　　　　　　图 1-20　　　　　　　　图 1-21

3．面板菜单

单击面板右上方的 ≣ 图标，会弹出当前面板的面板菜单，用户可以从中选择各命令，如图 1-22 所示。

4．改变面板的高度和宽度

单击面板中的"折叠为图标"按钮 «，可将该面板折叠为图标；单击"展开面板"按钮 »，可以使面板恢复默认大小。

如果需要改变面板的高度和宽度，可以将鼠标指针放置在面板的右下角，当鼠标指针变为 ⬉ 形状时，拖曳鼠标指针可缩放面板。

这里以"色板"面板为例，原面板效果如图 1-23 所示，将鼠标指针放置在面板右下角，当鼠标指针变为 ⬉ 形状时，向下拖曳鼠标指针到适当的位置，如图 1-24 所示；松开鼠标左键后，效果如图 1-25 所示。

图 1-22

图 1-23　　　　　　　　　　图 1-24　　　　　　　　　　图 1-25

5. 将面板收缩到泊槽

在泊槽中的面板标签上按住鼠标左键不放，将其拖曳到页面中，如图 1-26 所示；松开鼠标左键，可以将缩进的面板转换为浮动面板，如图 1-27 所示。在页面中的浮动面板标签上按住鼠标左键不放，将其拖曳到泊槽中，如图 1-28 所示；松开鼠标左键，可以将浮动面板转换为缩进面板，如图 1-29 所示。拖曳缩进到泊槽中的面板标签，放到其他的缩进面板中，可以组合出新的缩进面板组。使用相同的方法可以将多个缩进面板合并为一组。

图 1-26　　　　　　　图 1-27　　　　　　　　　图 1-28　　　　　　　图 1-29

单击面板的标签（如"页面"面板的标签 页面 ），可以显示或隐藏面板。单击泊槽上方的 按钮，可以使面板展开。

1.1.6　状态栏

状态栏在操作界面的最下面，如图 1-30 所示。左侧显示当前文档的缩放比例；中间显示当前文档的所属页面，下拉列表中可显示当前的页码；右侧是滚动条，当绘制的图像过大不能完全显示时，可以通过拖曳滚动条浏览整个图像。

图 1-30

1.2　文件的基础操作

在开始设计和制作作品前，首先要掌握文件操作方法。下面介绍 InDesign 2020 中文件的基础操作。

1.2.1　新建文件

新建文件是设计制作的第一步，用户可以根据自己的设计需要新建文件。

选择"文件 > 新建 > 文档"命令，或按 Ctrl+N 组合键，弹出"新建文档"对话框，用户可根据需要打开类别选项卡，选择需要的预设新建文件，如图 1-31 所示。在右侧的"预设详细信息"选项组中可修改文件的名称、宽度和高度、单位、方向和页面等。

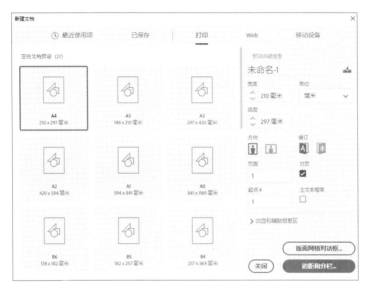

图 1-31

"名称"选项：可以在该选项中输入新建文件的名称，默认状态下为"未命名-1"。

"宽度"和"高度"选项：用于设置文件的宽度和高度的数值。页面宽高代表页面外出血和其他标记被裁掉以后的成品尺寸。

"单位"选项：设置文件所采用的单位，默认状态下为"毫米"。

"方向"选项：单击"纵向"按钮[图]或"横向"按钮[图]，页面方向会变成纵向或横向。

"装订"选项：有两种装订方式可供选择，即向左翻或向右翻。单击"从左到右"按钮[A]，将按照左边装订的方式装订；单击"从右到左"按钮[本]，将按照右边装订的方式装订。一般，文本横排的版面选择左边装订，文本竖排的版面选择右边装订。

"页面"选项：可以根据需要输入文件的总页数。

"对页"复选框：勾选此复选框后，可以在多页文件中建立左右页以对页形式显示的版面，就是通常所说的对开页。不勾选此复选框，新建文件的版面都将以单面单页的形式显示。

"起点"选项：可以设置文件的起始页码。

"主文本框架"复选框：可以为多页文件创建常规的主页面。勾选此复选框后，InDesign 2020 会自动在所有页面上加上文本框。

单击"出血和辅助信息区"左侧的[图]按钮，展开"出血和辅助信息区"选项组，如图 1-32 所示，在其中可以设定出血及辅助信息区的尺寸。

图 1-32

出血是为了避免在裁切带有超出成品边缘的图片或背景的作品时，因裁切的误差而露出白边所采取的预防措施，通常是在成品页面外扩展 3mm。

单击"边距和分栏"按钮，弹出"新建边距和分栏"对话框。在该对话框中，可以在"边距"选项组中设置页面边距的尺寸，分别设置"上""下""内""外"的值，如图 1-33 所示。在"栏"选项组中可以设置栏数、栏间距和排版方向。设置需要的数值后，单击"确定"按钮，新建一个页面。在新建的页面中，页边距如图 1-34 所示。

图 1-33

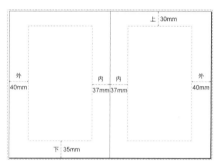

图 1-34

1.2.2　保存文件

如果是新建文件或无须保留原文件的情况，可以使用"存储"命令直接进行保存；如果希望对打开的文件进行编辑后，保存时不替代原文件，则需要使用"存储为"命令。

1．保存新建文件

选择"文件 > 存储"命令，或按 Ctrl+S 组合键，弹出"存储为"对话框。在该对话框中选择文件要保存的位置，在"文件名"文本框中输入将要保存文件的文件名，在"保存类型"下拉列表中选择文件的保存类型，如图 1-35 所示，单击"保存"按钮，将文件保存。

第一次保存文件时，InDesign 2020 会提供一个默认的文件名"未命名-1"。

2．另存已有文件

选择"文件 > 存储为"命令，或按 Ctrl+Shift+S 组合键，弹出"存储为"对话框，选择文件的保存位置并输入新的文件名，再选择保存类型，如图 1-36 所示。单击"保存"按钮，保存的文件不会替代原文件，而是以一个新的文件名另外进行保存。

1.2.3　打开文件

选择"文件 > 打开"命令，或按 Ctrl+O 组合键，弹出"打开文件"对话框，如图 1-37 所示。在该对话框中选择要打开的文件所在的位置并单击文件名。在"文件类型"下拉列表中选择文件的类型。在"打开方式"选项组中，选择"正常"单选项，将正常打开文件；选择"原稿"单选项，将打开文件的原稿；选择"副本"单选项，将打开文件的副本。设置完成后，单击"打开"按钮，窗口中就会显示打开的文件。也可以直接双击文件名来打开文件，如图 1-38 所示。

图 1-35

图 1-36

图 1-37

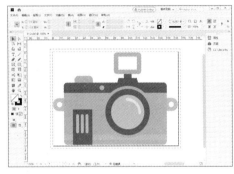

图 1-38

1.2.4　关闭文件

选择"文件 ＞ 关闭"命令或按 Ctrl+W 组合键，文件将会被关闭。如果文件没有保存，将会出现一个提示对话框，如图 1-39 所示，用户可单击合适的按钮进行关闭。

图 1-39

单击"是"按钮，将在关闭文件之前对其进行保存；单击"否"按钮，在关闭文件时将不对其进行保存；单击"取消"按钮，不会关闭文件，也不会进行保存操作。

1.3　视图与窗口的基础操作

在使用 InDesign 2020 进行图形绘制的过程中，用户可以随时改变视图与页面窗口的显示方式，以便更加细致地观察所绘图形的整体或局部。

1.3.1 视图的显示

在"视图"菜单中可以选择预定视图以显示页面或粘贴板。在选择某个预定视图后，页面将保持此视图效果，直到再次改变预定视图为止。

1．显示整页

选择"视图 > 使页面适合窗口"命令，可以使页面适合窗口显示，如图 1-40 所示。选择"视图 > 使跨页适合窗口"命令，可以使对开页适合窗口显示，如图 1-41 所示。

图 1-40   图 1-41

2．显示实际大小

选择"视图 > 实际尺寸"命令，可以在窗口中显示页面的实际大小，也就是使页面 100%显示，如图 1-42 所示。

3．显示完整粘贴板

选择"视图 > 完整粘贴板"命令，可以查找或浏览粘贴板上的全部对象，此时屏幕中显示的是缩小的页面和整个粘贴板，如图 1-43 所示。

图 1-42   图 1-43

4．放大或缩小页面视图

选择"视图 > 放大（或缩小）"命令，可以将当前页面视图放大（或缩小）。也可以使用"缩放显示工具" 缩放页面视图。

当页面中的鼠标指针变为 🔍 形状时，单击可以放大页面视图；按住 Alt 键时，页面中的鼠标指针变为 🔍 形状，单击可以缩小页面视图。

选择"缩放显示工具" 🔍 ，沿着想放大的区域拖曳出一个虚线框，如图 1-44 所示，虚线框范围内的内容会被放大显示，效果如图 1-45 所示。

图 1-44   图 1-45

按 Ctrl+ + 组合键，可以按比例对页面视图进行放大；按 Ctrl+ – 组合键，可以按比例对页面视图进行缩小。

在页面中单击鼠标右键，弹出图 1-46 所示的快捷菜单，可以在快捷菜单中选择命令对页面视图进行编辑。

图 1-46

选择"抓手工具" 🖐 ，在页面中拖曳可以对页面进行移动。

1.3.2 窗口的排列

排版文件的窗口主要有"平铺"和"全部在窗口中浮动"两种显示方式。

选择"窗口 > 排列 > 平铺"命令，可以将打开的几个排版文件水平平铺显示在窗口中，效果如图 1-47 所示。

选择"窗口 > 排列 > 全部在窗口中浮动"命令，可以将打开的几个排版文件层叠在一起，只显示位于最上层的文件，如图 1-48 所示。如果想选择需要操作的文件，单击文件名即可。

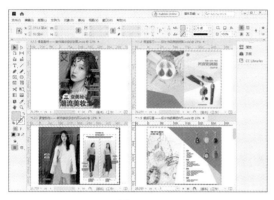 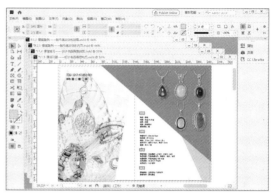

图 1-47　　　　　　　　　　　　　　　　　图 1-48

选择"窗口 > 排列 > 新建窗口"命令，可以将打开的文件复制一份。

1.3.3　预览文档

工具箱中的预览工具用于预览文档，如图 1-49 所示。

正常：单击工具箱底部的"正常"按钮，文档将以正常显示模式显示。

预览：单击工具箱底部的"预览"按钮，文档将以预览显示模式显示，可以显示文档的实际效果。

出血：单击工具箱底部的"出血"按钮，文档将以出血显示模式显示，可以显示文档及其出血部分的效果。

辅助信息区：单击工具箱底部的"辅助信息区"按钮，可以显示将文档制作为成品后的效果。

演示文稿：单击工具箱底部的"演示文稿"按钮，InDesign 文档将以演示

图 1-49

文稿的形式显示。在演示文稿显示模式下，菜单栏、面板、参考线以及框架边缘等都是隐藏的。

选择"视图 > 屏幕模式 > 预览"命令，如图 1-50 所示，也可显示预览效果，如图 1-51 所示。

图 1-50　　　　　　　　　　　　　　　　　图 1-51

1.3.4 显示设置

图像的显示方式主要有快速显示、典型显示和高品质显示 3 种，如图 1-52 所示。

快速显示　　　　　典型显示　　　　　高品质显示

图 1-52

快速显示是将栅格图或矢量图显示为灰色块。

典型显示是显示低分辨率的代理图像，用于点阵图或矢量图的识别和定位。典型显示是默认选项，是显示可识别图像的较快方式。

高品质显示是将栅格图或矢量图以高分辨率显示。该选项提供最高的质量，但渲染速度最慢。当需要做局部微调时，可使用该选项。

图像显示方式不会影响 InDesign 文档本身在输出或打印时的图像质量。在输出到 PostScript 设备或导出为 EPS 或 PDF 文件时，最终的图像分辨率取决于在打印或导出时的输出选项。

1.3.5 显示或隐藏框架边缘

InDesign 2020 在默认状态下，即使没有选定图形，也会显示框架边缘。这样在绘制过程中会使页面显示拥挤，不易编辑。我们可以通过使用"隐藏框架边缘"命令隐藏框架边缘来简化屏幕显示。

在页面中绘制一个图形，如图 1-53 所示。选择"视图 > 其他 > 隐藏框架边缘"命令，或按 Ctrl+H 组合键，隐藏页面中图形的框架边缘，效果如图 1-54 所示。

图 1-53　　　　　　　　　　　图 1-54

02

第 2 章
绘制和编辑图形对象

本章介绍在 InDesign 2020 中绘制和编辑图形对象的功能。通过本章的学习，读者可以熟练掌握绘制、编辑、对齐、分布及组合图形对象的方法和技巧，绘制出漂亮的图形效果。

学习目标

- ✔ 掌握绘制图形的方法。
- ✔ 掌握编辑图形对象的技巧。
- ✔ 掌握组合图形对象的方法。

技能目标

- ✔ 掌握向日葵插画的绘制方法。
- ✔ 掌握闹钟图标的绘制方法。

素养目标

- ✔ 培养对图形绘制的兴趣。
- ✔ 培养绘图的规范意识。

2.1 绘制图形

使用 InDesign 2020 的基本绘图工具可以绘制简单的图形。下面介绍基本绘图工具的特性和使用方法。

微课

绘制向日葵插画

2.1.1 课堂案例——绘制向日葵插画

案例学习目标

学习使用基本绘图工具、"角选项"命令绘制向日葵插画。

案例知识要点

使用"矩形工具""椭圆工具""角选项"命令绘制土壤,使用"矩形工具""角选项"命令、"直线工具""旋转角度"选项、"水平翻转"按钮绘制向日葵枝叶,使用"多边形工具""椭圆工具""角选项"命令、"再次变换"命令绘制葵花和籽。向日葵插画效果如图 2-1 所示。

效果所在位置

云盘 > Ch02 > 效果 > 绘制向日葵插画.indd。

图 2-1

(1)选择"文件 > 新建 > 文档"命令,弹出"新建文档"对话框,选项的设置如图 2-2 所示。单击"边距和分栏"按钮,弹出"新建边距和分栏"对话框,选项的设置如图 2-3 所示。单击"确定"按钮,新建一个文档。选择"视图 > 其他 > 隐藏框架边缘"命令,将所绘图形的框架边缘隐藏。

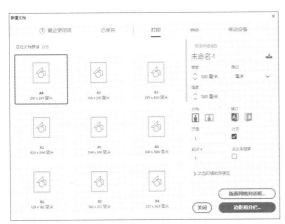

图 2-2

图 2-3

(2)选择"矩形工具"□,绘制一个与页面大小相等的矩形,设置填充色的 CMYK 值为 3、0、9、0,填充图形,并设置描边色为无,效果如图 2-4 所示。

(3)使用"矩形工具"□在适当的位置再绘制一个矩形,设置填充色的 CMYK 值为 49、76、

80、12，填充图形，并设置描边色为无，效果如图 2-5 所示。

（4）保持矩形处于选取状态。选择"对象 > 角选项"命令，在弹出的对话框中进行设置，如图 2-6 所示。单击"确定"按钮，效果如图 2-7 所示。

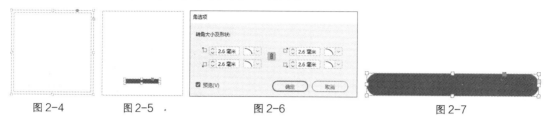

图 2-4　　　　图 2-5　　　　图 2-6　　　　图 2-7

（5）选择"椭圆工具" ⬭，按住 Shift 键的同时，在适当的位置拖曳鼠标指针，分别绘制 3 个圆形，如图 2-8 所示。使用"选择工具" ▶ 将所绘制的圆形同时选取，选择"吸管工具" ✎，将鼠标指针放置在下方的圆角矩形上，鼠标指针变为 ✎ 形状，如图 2-9 所示。在圆角矩形上单击以吸取颜色，效果如图 2-10 所示。

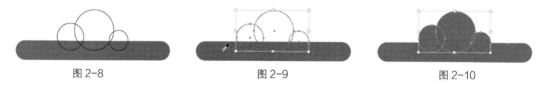

图 2-8　　　　　　图 2-9　　　　　　图 2-10

（6）选择"直线工具" ╱，按住 Shift 键的同时，在适当的位置拖曳鼠，绘制一条竖线，在控制面板中将"描边粗细"设置为 4.5 点；按 Enter 键，效果如图 2-11 所示。设置描边色的 CMYK 值为 67、28、100、0，填充描边，效果如图 2-12 所示。连续按 Ctrl+[组合键，将竖线后移至适当的位置，效果如图 2-13 所示。

图 2-11　　　　　　图 2-12　　　　　　图 2-13

（7）选择"矩形工具" ▢，在适当的位置拖曳鼠，绘制一个矩形，设置填充色的 CMYK 值为 67、28、100、0，填充图形，并设置描边色为无，效果如图 2-14 所示。在控制面板中将"旋转角度"设置为 45°，按 Enter 键，效果如图 2-15 所示。

（8）保持矩形处于选取状态。选择"对象 > 角选项"命令，在弹出的对话框中进行设置，如图 2-16 所示。单击"确定"按钮，效果如图 2-17 所示。

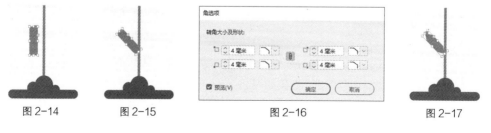

图 2-14　　　　图 2-15　　　　图 2-16　　　　图 2-17

（9）选择"选择工具" ▶，按住 Alt+Shift 组合键的同时，垂直向下拖曳图形到适当的位置，复制图形，效果如图 2-18 所示。按住 Shift 键的同时，单击原图形将其同时选中，如图 2-19 所示。

（10）按 Ctrl+C 组合键，复制选中的图形，选择"编辑 > 原位粘贴"命令，原位粘贴图形。单击控制面板中的"水平翻转"按钮 ◀|，水平翻转图形，效果如图 2-20 所示。按住 Shift 键的同时，水平向右拖曳翻转得到的图形到适当的位置，效果如图 2-21 所示。

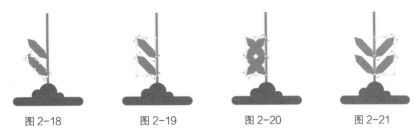

图 2-18　　　　　图 2-19　　　　　图 2-20　　　　　图 2-21

（11）选择"多边形工具" ⬡，在页面中单击，弹出"多边形"对话框，选项的设置如图 2-22 所示。单击"确定"按钮，得到一个多角星形。选择"选择工具" ▶，拖曳多角星形到适当的位置，效果如图 2-23 所示。设置填充色的 CMYK 值为 0、54、91、0，填充图形，并设置描边色为无，效果如图 2-24 所示。

图 2-22　　　　　　　　图 2-23　　　　　　　　图 2-24

（12）选择"多边形工具" ⬡，在页面中单击，弹出"多边形"对话框，选项的设置如图 2-25 所示。单击"确定"按钮，得到一个多角星形。选择"选择工具" ▶，拖曳多角星形到适当的位置，设置填充色的 CMYK 值为 5、27、82、0，填充图形，并设置描边色为无，效果如图 2-26 所示。

（13）保持图形处于选取状态。选择"对象 > 角选项"命令，在弹出的对话框中进行设置，如图 2-27 所示。单击"确定"按钮，效果如图 2-28 所示。

图 2-25　　　　　图 2-26　　　　　　　图 2-27　　　　　　　图 2-28

（14）选择"多边形工具" ⬡，在页面中单击，弹出"多边形"对话框，选项的设置如图 2-29 所示，单击"确定"按钮，得到一个多角星形。选择"选择工具" ▶，拖曳多角星形到适当的位置，设置填充色的 CMYK 值为 2、0、20、0，填充图形，并设置描边色为无，效果如图 2-30 所示。

（15）保持图形处于选取状态。选择"对象 > 角选项"命令，在弹出的对话框中进行设置，如图 2-31 所示。单击"确定"按钮，效果如图 2-32 所示。

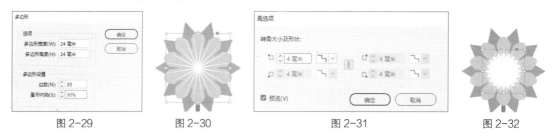

图 2-29　　　　　图 2-30　　　　　　　　图 2-31　　　　　　　　图 2-32

（16）选择"椭圆工具" ，按住 Shift 键的同时，在适当的位置拖曳鼠标指针，绘制一个圆形，在控制面板中将"描边粗细"设置为 1.5 点，按 Enter 键，效果如图 2-33 所示。设置描边色的 CMYK 值为 49、76、80、12，填充描边，效果如图 2-34 所示。设置填充色的 CMYK 值为 61、79、100、47，填充图形，效果如图 2-35 所示。

图 2-33　　　　　　　图 2-34　　　　　　　图 2-35

（17）使用"椭圆工具" ，按住 Shift 键的同时，拖曳鼠标指针在适当的位置绘制一个圆形，设置填充色的 CMYK 值为 5、27、82、0，填充图形，并设置描边色为无，效果如图 2-36 所示。

（18）选择"选择工具" ，按住 Alt+Shift 组合键的同时，水平向右拖曳圆形到适当的位置，复制圆形，效果如图 2-37 所示。连续按 Ctrl+Alt+4 组合键，按需要再复制出多个圆形，效果如图 2-38 所示。

图 2-36　　　　　　　图 2-37　　　　　　　图 2-38

（19）按住 Shift 键的同时，依次单击将所绘制的圆形同时选取，如图 2-39 所示。按住 Alt+Shift 组合键的同时，垂直向下拖曳选中的圆形到适当的位置，复制圆形，效果如图 2-40 所示。连续按 Ctrl+Alt+4 组合键，按需要再复制出多个圆形，效果如图 2-41 所示。

图 2-39　　　　　　　图 2-40　　　　　　　图 2-41

（20）按住 Shift 键的同时，依次单击以选取不需要的圆形，如图 2-42 所示。按 Delete 键，删除选中的圆形，效果如图 2-43 所示。向日葵插画绘制完成，效果如图 2-44 所示。

图 2-42   图 2-43   图 2-44

2.1.2 矩形

1. 直接拖曳绘制矩形

选择"矩形工具" ▢ ，鼠标指针会变成 ┼ 形状，按住鼠标左键不放，拖曳到合适的位置，如图 2-45 所示，松开鼠标左键，绘制出一个矩形，如图 2-46 所示。鼠标指针的起点与终点处决定着矩形的大小。按住 Shift 键的同时，再进行绘制，可以绘制出一个正方形，如图 2-47 所示。

图 2-45   图 2-46   图 2-47

按住 Shift+Alt 组合键的同时，在绘图页面中拖曳鼠标指针，可以当前点为中心绘制正方形。

2. 使用对话框精确绘制矩形

选择"矩形工具" ▢ ，在页面中单击，弹出"矩形"对话框，在该对话框中可以设定所要绘制矩形的宽度和高度。

设置需要的数值，如图 2-48 所示，单击"确定"按钮，单击处将出现需要的矩形，如图 2-49 所示。

图 2-48   图 2-49

3. 使用"角选项"命令制作矩形角的变形

使用"选择工具" ▶ 选取绘制好的矩形，选择"对象 > 角选项"命令，弹出"角选项"对话框。在"转角大小"数值框中输入值以指定角效果从每个角点处延伸的半径，在"形状"下拉列表中分别选取需要的角形状，单击"确定"按钮，效果如图 2-50 所示。

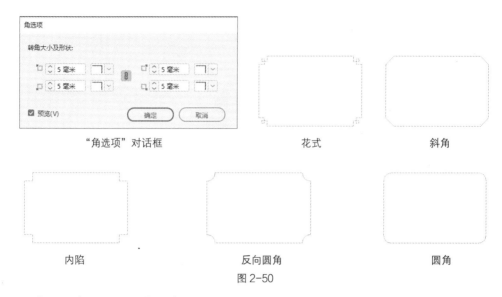

图 2-50

4. 直接拖曳制作矩形角的变形

使用"选择工具" ▶ 选取绘制好的矩形，如图 2-51 所示。在矩形的黄色点上单击，如图 2-52 所示。此时，矩形的 4 个对角点均处于可编辑状态，如图 2-53 所示。向左或右拖曳其中任意一个点，如图 2-54 所示，可对矩形角进行变形，松开鼠标左键，效果如图 2-55 所示。按住 Alt 键的同时，单击任意一个黄色点，可在 5 种角中交替变形，如图 2-56 所示。按住 Shift+Alt 组合键的同时，单击其中的一个黄色点，可使选取的点在 5 种角中交替变形，如图 2-57 所示。

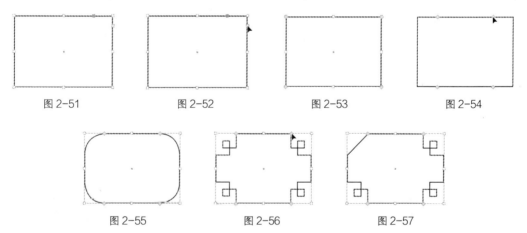

| 图 2-51 | 图 2-52 | 图 2-53 | 图 2-54 |

图 2-55　　　　图 2-56　　　　图 2-57

2.1.3　椭圆形和圆形

1. 直接拖曳绘制椭圆形

选择"椭圆工具" ⬭ ，鼠标指针会变成 ⊹ 形状，按住鼠标左键不放，拖曳到合适的位置，如图 2-58 所示。松开鼠标左键，绘制出一个椭圆形，如图 2-59 所示。鼠标指针的起点与终点决定着椭圆形的大小和形状。按住 Shift 键的同时，再进行绘制，可以绘制出一个圆形，如图 2-60 所示。

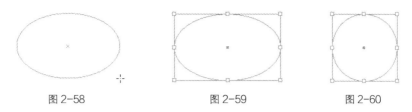

图 2-58 图 2-59 图 2-60

按住 Shift+Alt 组合键的同时，在页面中拖曳鼠标指针，可以当前点为中心绘制圆形。

2. 使用对话框精确绘制椭圆形

选择"椭圆工具" ⬭，在页面中单击，弹出"椭圆"对话框，在该对话框中可以设定所要绘制的椭圆形的宽度和高度。

设置需要的数值，如图 2-61 所示，单击"确定"按钮，页面单击处将出现需要的椭圆形，如图 2-62 所示。

椭圆形和圆形可以应用角效果，但是不会有任何变化，因其没有拐点。

图 2-61 图 2-62

2.1.4 多边形

1. 直接拖曳绘制多边形或星形

（1）选择"多边形工具" ⬡，鼠标指针会变成-¦-形状，按住鼠标左键不放，拖曳到适当的位置，如图 2-63 所示。松开鼠标左键，绘制出一个多边形，如图 2-64 所示。鼠标指针的起点与终点处决定着多边形的大小和形状。软件默认的边的数值为 6。按住 Shift 键的同时，再进行绘制，可以绘制出一个正多边形，如图 2-65 所示。

图 2-63 图 2-64 图 2-65

按住 Alt+Shift 组合键的同时，在页面中拖曳鼠标指针，可以当前点为中心绘制正多边形。

（2）双击"多边形工具" ⬡，弹出"多边形设置"对话框，可以通过改变"边数"数值框中的数值或单击微调按钮来设置多边形的边数，可以通过改变"星形内陷"数值框中的数值或单击微调按钮来设置多边形尖角的锐化程度。

设置需要的数值，如图 2-66 所示，单击"确定"按钮，在页面中拖曳鼠标指针，绘制出需要的五角形，如图 2-67 所示。

2. 使用对话框精确绘制多边形或星形

（1）选择"多边形工具" ⬡，在页面中单击，弹出"多边形"对话框，在该对话框中可以设置所要绘制的多边形的宽度、高度、边数和尖角锐化程度。

设置需要的数值，如图 2-68 所示，单击"确定"按钮，页面单击处将出现需要的三角形，如图 2-69 所示。

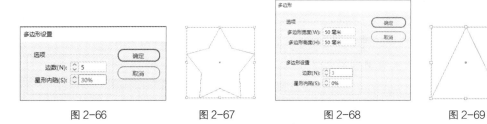

图 2-66 　　图 2-67 　　图 2-68 　　图 2-69

（2）选择"多边形工具" ⬡，在页面中单击，弹出"多边形"对话框，在该对话框中可以设置所要绘的制星形的宽度、高度、边数和尖角锐化程度。

设置需要的数值，如图 2-70 所示，单击"确定"按钮，页面单击处将出现需要的八角形，如图 2-71 所示。

 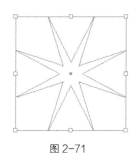

图 2-70　　　　　　　　　　图 2-71

3. 使用"角选项"命令制作多边形或星形角的变形

（1）使用"选择工具" ▶ 选取绘制好的多边形，选择"对象 > 角选项"命令，弹出"角选项"对话框，在"形状"下拉列表中分别选取需要的角效果，单击"确定"按钮，效果如图 2-72 所示。

多边形　　　　花式　　　　斜角　　　　内陷　　　　反向圆角　　　　圆角

图 2-72

（2）使用"选择工具" ▶ 选取绘制好的星形，选择"对象 > 角选项"命令，弹出"角选项"对话框，在"形状"下拉列表中分别选取需要的角效果，单击"确定"按钮，效果如图 2-73 所示。

原图　　　　花式　　　　斜角　　　　内陷　　　　反向圆角　　　　圆角

图 2-73

2.1.5 形状的转换

1. 使用菜单栏进行形状的转换

使用"选择工具" ▶ 选取需要转换的图形，选择"对象 > 转换形状"命令，弹出的子菜单中包括"矩形""圆角矩形""斜角矩形""反向圆角矩形""椭圆""三角形""多边形""线条""正交直线"命令，如图 2-74 所示。

图 2-74

使用"选择工具" ▶ 选取需要转换的图形，选择"对象 > 转换形状"命令，分别选择其子菜单中的命令，效果如图 2-75 所示。

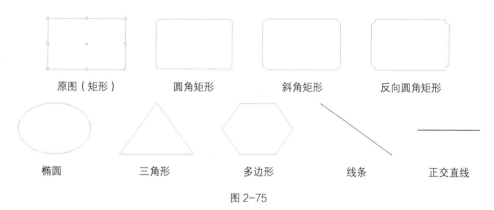

图 2-75

2. 使用面板进行形状的转换

使用"选择工具" ▶ 选取需要转换的图形，选择"窗口 > 对象和版面 > 路径查找器"命令，弹出"路径查找器"面板，如图 2-76 所示。单击"转换形状"选项组中的按钮，可转换形状。

图 2-76

2.2 编辑对象

在 InDesign 2020 中，用户可以使用强大的图形对象编辑功能对图形对象进行编辑，其中包括对象的多种选取方法和对象的缩放、移动、镜像、复制等操作。

微课

绘制闹钟图标

2.2.1 课堂案例——绘制闹钟图标

🖌 案例学习目标

学习使用基本绘图工具和编辑对象命令绘制闹钟图标。

🔒 案例知识要点

使用"水平翻转"按钮镜像图形，使用"旋转""缩放"命令对图形进行旋转和缩放。闹钟图标效果如图 2-77 所示。

图 2-77

🎯 效果所在位置

云盘 > Ch02 > 效果 > 绘制闹钟图标.indd。

（1）按 Ctrl+O 组合键，弹出"打开文件"对话框，选择云盘中的"Ch02 > 素材 > 绘制闹钟图标 > 01"文件，单击"打开"按钮，打开文件，效果如图 2-78 所示。

（2）使用"选择工具" ▶ 选取需要的图形，按住 Alt+Shift 组合键的同时，水平向右拖曳图形到适当的位置，复制图形，效果如图 2-79 所示。单击控制面板中的"水平翻转"按钮 ◁▷，水平翻转图形，效果如图 2-80 所示。

图 2-78    图 2-79    图 2-80

（3）选择"选择工具" ▶，按住 Shift 键的同时，依次单击选取需要的图形，如图 2-81 所示。选择"对象 > 变换 > 旋转"命令，弹出"旋转"对话框，选项的设置如图 2-82 所示，单击"复制"按钮，复制并旋转图形，效果如图 2-83 所示。

图 2-81 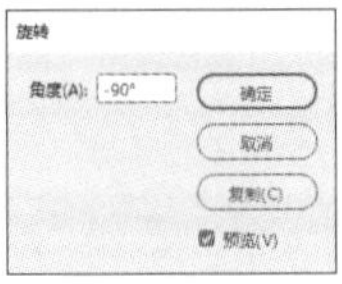   图 2-82 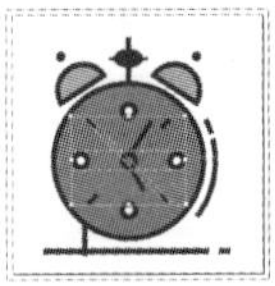   图 2-83

（4）使用"选择工具" ▶ 选取需要的圆形，如图 2-84 所示，选择"对象 > 变换 > 缩放"命令，弹出"缩放"对话框，选项的设置如图 2-85 所示，单击"复制"按钮，复制并缩小图形，效果如图 2-86 所示。

（5）填充图形为白色，并在控制面板中将"描边粗细"设置为 8 点，按 Enter 键，效果如图 2-87 所示。选取需要的矩形，在控制面板中将"旋转角度"设置为-32°，按 Enter 键，效果如图 2-88 所示。

图 2-84

图 2-85

图 2-86

图 2-87

图 2-88

（6）选择"选择工具" ，按住 Alt+Shift 组合键的同时，水平向右拖曳图形到适当的位置，复制图形，效果如图 2-89 所示。单击控制面板中的"水平翻转"按钮 ，水平翻转图形，效果如图 2-90 所示。在页面空白处单击，取消图形的选取状态，闹钟图标绘制完成，效果如图 2-91 所示。

图 2-89

图 2-90

图 2-91

2.2.2　选取对象和取消选取

在 InDesign 2020 中，当对象处于选取状态时，其周围会出现限位框（又称为外框）。限位框是代表对象水平和垂直尺寸的矩形框。对象的选取状态如图 2-92 所示。

当同时选取多个图形对象时，对象保留各自的限位框，选取状态如图 2-93 所示。

要取消对象的选取状态，只需在页面中的空白位置单击。

1．使用"选择工具"选取对象

选择"选择工具" ，在要选取的图形对象上单击，即可选取该对象。如果该对象是未填充的路径，则单击它的边缘即可选取。

按住 Shift 键的同时，依次单击可选取多个对象，如图 2-94 所示。

选择"选择工具" ，在页面中要选取的图形对象外围拖曳鼠标指针，出现虚线框，如图 2-95 所示，虚线框接触到的对象都将被选取，如图 2-96 所示。

图 2-92

图 2-93

图 2-94

图 2-95

图 2-96

选择"选择工具" ，将鼠标指针置于图片上，当鼠标指针显示为 形状时，如图 2-97 所示，单击可选取对象，如图 2-98 所示。在空白处单击，可取消选取状态，如图 2-99 所示。

将鼠标指针移动到接近图片中心时，鼠标指针显示为 形状，如图 2-100 所示，单击可选取限位框内的图片，如图 2-101 所示。按 Esc 键，可切换到选取对象状态，如图 2-102 所示。

图 2-97   图 2-98   图 2-99   图 2-100   图 2-101   图 2-102

2. 使用"直接选择工具"选取对象

选择"直接选择工具" ▷，拖曳鼠标指针以圈选图形对象，如图 2-103 所示，对象被选取，但被选取的对象不显示限位框，只显示锚点，如图 2-104 所示。

选择"直接选择工具" ▷，在图形对象的某个锚点上单击，该锚点被选取，如图 2-105 所示。拖曳选取的锚点到适当的位置，如图 2-106 所示，松开鼠标左键，改变对象的形状，如图 2-107 所示。按住 Shift 键的同时，单击需要的锚点，可选取多个锚点。

选择"直接选择工具" ▷，将鼠标指针放置在图形上并单击，图形呈选取状态，如图 2-108 所示，在中心点处再次单击，选取整个图形，如图 2-109 所示，将其拖曳到适当的位置，如图 2-110 所示，松开鼠标左键，移动对象。

图 2-103   图 2-104   图 2-105   图 2-106   图 2-107   图 2-108   图 2-109   图 2-110

选择"直接选择工具" ▷，单击图片的限位框，如图 2-111 所示，再单击中心点，如图 2-112 所示，将其拖曳到适当的位置，如图 2-113 所示。松开鼠标左键，则只移动限位框，限位框内的图片没有移动，效果如图 2-114 所示。

图 2-111   图 2-112   图 2-113   图 2-114

当将鼠标指针置于图片之上时，鼠标指针会自动变为 🖑 形状，如图 2-115 所示。在图形上单击，可选取限位框内的图片，如图 2-116 所示。拖曳图片到适当的位置，如图 2-117 所示。松开鼠标左键，则只移动图片，限位框没有移动，效果如图 2-118 所示。

图 2-115   图 2-116   图 2-117   图 2-118

3. 使用控制面板选取对象

单击控制面板中的"选择上一对象"按钮 🔳 或"选择下一对象"按钮 🔳，可选取当前对象的上一个对象或下一个对象。单击"选择内容"按钮 🔳，可选取限位框中的图片。单击"选择容器"按钮 🔳，可以选取限位框。

2.2.3 缩放对象

1. 使用工具箱中的工具缩放对象

使用"选择工具" ▶ 选取要缩放的对象，对象的周围将出现限位框，如图 2-119 所示。选择"自由变换工具" 🔳，拖曳对象右上角的控制点，如图 2-120 所示。松开鼠标左键，对象的缩放效果如图 2-121 所示。

选取要缩放的对象，选择"缩放工具" 🔳，对象的中心会出现中心控制点，拖曳中心控制点到适当的位置，如图 2-122 所示；再拖曳对角线上的控制点到适当的位置，如图 2-123 所示。松开鼠标左键，对象的缩放效果如图 2-124 所示。

| 图 2-119 | 图 2-120 | 图 2-121 | 图 2-122 | 图 2-123 | 图 2-124 |

2. 使用"变换"面板缩放对象

使用"选择工具" ▶ 选取要缩放的对象，如图 2-125 所示。选择"窗口 > 对象和版面 > 变换"命令，在弹出的"变换"面板中设置需要的数值，如图 2-126 所示。按 Enter 键，效果如图 2-127 所示。

图 2-125 图 2-126 图 2-127

在"变换"面板中，设置"X 缩放百分比"和"Y 缩放百分比"的数值可以按比例缩放对象。设置"W"和"H"的数值可以缩放对象的限位框，但不能缩放限位框中的图片。

3. 使用控制面板缩放对象

使用"选择工具" ▶ 选取要缩放的对象。在控制面板中，单击"约束宽度和高度的比例"按钮 🔳，可以按比例缩放对象的限位框。其他选项的设置与"变换"面板中的相同，故这里不再赘述。

4. 使用菜单命令缩放对象

使用"选择工具" ▶ 选取要缩放的对象，如图 2-128 所示。选择"对象 > 变换 > 缩放"命令，或双击"缩放工具" 🔳，弹出"缩放"对话框，设置需要的数值，如图 2-129 所示。单击"确定"按钮，效果如图 2-130 所示。

图 2-128   图 2-129   图 2-130

在"缩放"对话框中，设置"X 缩放"和"Y 缩放"的数值可以按比例缩放对象。单击"约束缩放比例"按钮，可以不按比例缩放对象。单击"复制"按钮，可复制出多个缩放对象。

5．快捷菜单中的命令缩放对象

在选取的图形对象上单击鼠标右键，弹出快捷菜单，选择"变换 > 缩放"命令，也可以对对象进行缩放（以下操作均可使用此方法）。

提示

　　按住 Shift 键，拖曳对角线上的控制点时，对象会按比例缩放。按住 Shift+Alt 组合键，拖曳对角线上的控制点时，对象会按比例从中心处缩放。

2.2.4　移动对象

1．使用键盘和工具箱中的工具移动对象

使用"选择工具"选取要移动的对象，如图 2-131 所示。在对象上按住鼠标左键不放，将其拖曳到适当的位置，如图 2-132 所示。松开鼠标左键，对象将移动到需要的位置，效果如图 2-133 所示。

图 2-131   图 2-132   图 2-133

选取要移动的对象，如图 2-134 所示。双击"选择工具"，弹出"移动"对话框，设置需要的数值，如图 2-135 所示。单击"确定"按钮，效果如图 2-136 所示。

图 2-134   图 2-135   图 2-136

在"移动"对话框中，"水平"和"垂直"文本框分别可以用于设置对象在水平方向和垂直方向上移动的数值，"距离"文本框可以用于设置对象移动的距离，"角度"文本框可以用于设置对象移动或旋转的角度。单击"复制"按钮，可复制出多个移动对象。

选取要移动的对象，用方向键可以微调对象的位置。

2. 使用"变换"面板移动对象

使用"选择工具" 选取要移动的对象，如图 2-137 所示。选择"窗口 > 对象和版面 > 变换"命令，弹出"变换"面板，在"X""Y"文本框中输入需要的数值，如图 2-138 所示。按 Enter 键可移动对象，效果如图 2-139 所示。

图 2-137　　　　　　　　　图 2-138　　　　　　　　　图 2-139

在"变换"面板中，"X"和"Y"文本框中的数值表示对象所在位置的横坐标值和纵坐标值。

3. 使用控制面板移动对象

使用"选择工具" 选取要移动的对象，控制面板如图 2-140 所示。在控制面板中，设置"X"和"Y"文本框中的数值可以移动对象。

图 2-140

4. 使用菜单命令移动对象

使用"选择工具"选取要移动的对象。选择"对象 > 变换 > 移动"命令，或按 Shift+Ctrl+M 组合键，弹出"移动"对话框，此对话框与双击"选择工具"弹出的对话框相同，故这里不再赘述。设置需要的数值后，单击"确定"按钮，可移动对象。

2.2.5 镜像对象

1. 使用控制面板镜像对象

使用"选择工具"选取要镜像的对象，如图 2-141 所示。单击控制面板中的"水平翻转"按钮，可使对象沿水平方向翻转镜像，效果如图 2-142 所示。单击"垂直翻转"按钮，可使对象沿垂直方向翻转镜像。

选取要镜像的对象，选择"缩放工具"，在图片上适当的位置单击，将镜像中心控制点置于适当的位置，如图 2-143 所示。单击控制面板中的"水平翻转"按钮，可使对象以中心控制点为中心水平翻转镜像，效果如图 2-144 所示。单击"垂直翻转"按钮，可使对象以中心控制点为中心垂直翻转镜像。

2. 使用菜单命令镜像对象

使用"选择工具"选取要镜像的对象。选择"对象 > 变换 > 水平翻转"命令，可使对象水平翻转；选择"对象 > 变换 > 垂直翻转"命令，可使对象垂直翻转。

图 2-141　　　　图 2-142　　　　图 2-143　　　　图 2-144

3．使用"选择工具"镜像对象

使用"选择工具" ▶，选取要镜像的对象，如图 2-145 所示。拖曳控制点到相对的边，如图 2-146 所示，松开鼠标左键，对象的镜像效果如图 2-147 所示。

图 2-145　　　　　　图 2-146　　　　　　图 2-147

直接拖曳左边或右边中间的控制点到相对的边，松开鼠标左键后就可以水平镜像对象；直接拖曳上边或下边中间的控制点到相对的边，松开鼠标左键后就可以垂直镜像对象。

2.2.6　旋转对象

1．使用工具箱中的工具旋转对象

选取要旋转的对象，如图 2-148 所示。选择"自由变换工具" ⬚，对象的四周会出现限位框，将鼠标指针放在限位框的外围，其变为 ↰ 形状，拖曳对象，如图 2-149 所示。旋转到需要的角度后松开鼠标左键，对象的旋转效果如图 2-150 所示。

选取要旋转的对象，如图 2-151 所示。选择"旋转工具" ◯，对象的中心点出现旋转中心图标 ✧，如图 2-152 所示，将鼠标指针移动到旋转中心上，拖曳旋转中心到需要的位置，如图 2-153 所示，在所选对象外围拖曳鼠标指针以旋转对象，效果如图 2-154 所示。

图 2-148　　图 2-149　　图 2-150　　图 2-151　　图 2-152　　图 2-153　　图 2-154

2．使用"变换"面板旋转对象

选择"窗口 > 对象和版面 > 变换"命令，弹出"变换"面板。"变换"面板的使用方法和"移动对象"一小节中的使用方法相同，这里不再赘述。

3．使用控制面板旋转对象

使用"选择工具" ▶ 选取要旋转的对象，在控制面板中的"旋转角度"文本框中设置对象需要旋转的角度，按 Enter 键，对象被旋转。

单击"顺时针旋转 90°"按钮 ◷，可将对象顺时针旋转 90°；单击"逆时针旋转 90°"按钮 ◶，可将对象逆时针旋转 90°。

4. 使用菜单命令旋转对象

选取要旋转的对象，如图 2-155 所示。选择"对象 > 变换 > 旋转"命令或双击"旋转工具" ，弹出"旋转"对话框，设置需要的数值，如图 2-156 所示。单击"确定"按钮，效果如图 2-157 所示。

图 2-155   图 2-156   图 2-157

"角度"选项：在该文本框中可以直接输入对象旋转的角度，旋转角度可以是正值也可以是负值，对象将按指定的角度旋转。

"复制"按钮：用于在原对象上复制出一个旋转对象。

2.2.7 倾斜对象

1. 使用工具箱中的工具倾斜对象

选取要倾斜的对象，如图 2-158 所示。选择"切变工具" ，拖动对象，如图 2-159 所示。倾斜到需要的角度后松开鼠标左键，对象的倾斜效果如图 2-160 所示。

图 2-158   图 2-159   图 2-160

2. 使用"变换"面板倾斜对象

选择"窗口 > 对象和版面 > 变换"命令，弹出"变换"面板。"变换"面板的使用方法和"移动对象"一小节中的使用方法相同，这里不再赘述。

3. 使用控制面板倾斜对象

选择"选择工具" ，选取要倾斜的对象，在控制面板的"X 切变角度"文本框中设置对象需要倾斜的角度，按 Enter 键，对象将按指定的角度倾斜。

4. 使用菜单命令倾斜对象

选取要倾斜的对象，如图 2-161 所示。选择"对象 > 变换 > 切变"命令，弹出"切变"对话框，设置需要的数值，如图 2-162 所示。单击"确定"按钮，效果如图 2-163 所示。

"切变角度"选项：在该文本框中可以设置对象倾斜的角度。

"轴"选项组：选择"水平"单选项，对象可以水平倾斜；选择"垂直"单选项，对象可以垂直倾斜。

"复制"按钮：用于在原对象上复制出一个倾斜对象。

图 2-161

图 2-162

图 2-163

2.2.8 复制对象

1. 使用菜单命令复制对象

选取要复制的对象，如图 2-164 所示。选择"编辑 > 复制"命令，或按 Ctrl+C 组合键，对象的副本将被放置在剪贴板中。

选择"编辑 > 粘贴"命令，或按 Ctrl+V 组合键，对象的副本将被粘贴到页面中。选择"选择工具"，将对象的副本拖曳到适当的位置，效果如图 2-165 所示。

图 2-164　　　图 2-165

2. 使用快捷菜单中的命令复制对象

选取要复制的对象，如图 2-166 所示。在对象上单击鼠标右键，弹出快捷菜单，选择"变换 > 移动"命令，如图 2-167 所示，弹出"移动"对话框。设置需要的数值，如图 2-168 所示，单击"复制"按钮，可以在选中的对象上复制出一个对象，效果如图 2-169 所示。

在对象上再次单击鼠标右键，弹出快捷菜单，选择"再次变换 > 再次变换"命令，或按 Ctrl+Alt+4 组合键，可按"移动"对话框中的设置再次复制对象，效果如图 2-170 所示。

图 2-166　　　　　　　　　　　　　図 2-167

图 2-168　　　　　図 2-169　　　　図 2-170

3. 使用拖动鼠标的方式复制对象

选取要复制的对象，按住 Alt 键的同时，在对象上拖动鼠标，对象的周围将出现灰色框指示移动的位置，移动到需要的位置后，松开鼠标左键，再松开 Alt 键，可复制出一个对象。

2.2.9 删除对象

选取要删除的对象，选择"编辑 > 清除"命令，或按 Delete 键，可以把选取的对象删除。如果想删除多个或全部对象，选取这些对象，再执行"清除"命令即可。

2.2.10 撤销和恢复对对象的操作

1. 撤销对对象的操作

选择"编辑 > 还原"命令，或按 Ctrl+Z 组合键，可以撤销上一次的操作。连续按此组合键，可以连续撤销原来的操作。

2. 恢复对对象的操作

选择"编辑 > 重做"命令，或按 Shift+Ctrl+Z 组合键，可以恢复上一次的操作。连续按两次此组合键，即恢复两步操作。

2.3 组织图形对象

InDesign 2020 中有很多组织图形对象的方法，其中包括调整对象的前后顺序，对齐与分布对象，编组、锁定与隐藏对象等。

2.3.1 对齐对象

选取要对齐的对象，如图 2-171 所示。选择"窗口 > 对象和版面 > 对齐"命令，或按 Shift+F7 组合键，弹出"对齐"面板，如图 2-172 所示。

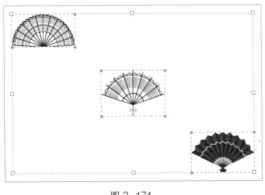

图 2-171

图 2-172

"对齐"面板的"对齐对象"选项组中包括 6 个对齐按钮："左对齐"按钮、"水平居中对齐"按钮、"右对齐"按钮、"顶对齐"按钮、"垂直居中对齐"按钮和"底对齐"按钮。单击需要的对齐按钮，对齐效果如图 2-173 所示。

图 2-173

2.3.2 分布对象

　　"对齐"面板的"分布对象"选项组中包括 6 个分布按钮："按顶分布"按钮、"垂直居中分布"按钮、"按底分布"按钮、"按左分布"按钮、"水平居中分布"按钮和"按右分布"按钮。"分布间距"选项组中包括两个分布间距按钮："垂直分布间距"按钮和"水平分布间距"按钮。单击需要的分布按钮或分布间距按钮，分布效果如图 2-174 所示。

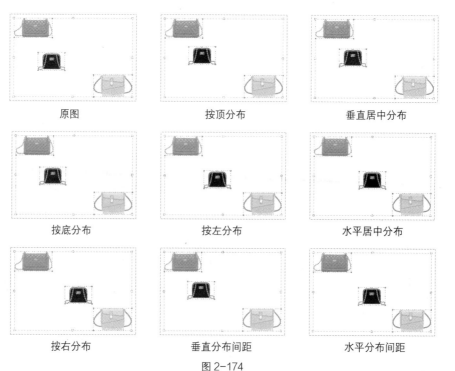

图 2-174

　　勾选"使用间距"复选框，在对应的数值框中设置距离数值，所有被选取的对象将以所需要的分布方式按设置的数值等距离分布。

2.3.3　对齐基准

　　"对齐"面板的"对齐"下拉列表中包括 5 个对齐选项：对齐选区、对齐关键对象、对齐边距、对齐页面和对齐跨页。选择需要的对齐选项，以"按顶分布"为例，对齐效果如图 2-175 所示。

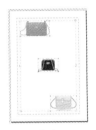    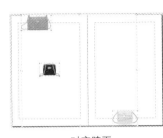

对齐选区　　　　对齐关键对象　　　　对齐边距　　　　对齐页面　　　　　　对齐跨页

图 2-175

2.3.4　用辅助线对齐对象

　　选择"选择工具" ▶，单击页面左侧的标尺，按住鼠标左键不放并向右拖曳，拖曳出一条垂直的辅助线，将辅助线放在要对齐对象的左边线上，如图 2-176 所示。

　　单击下方图片，按住鼠标左键不放并向左拖曳，使下方图片的左边线和上方图片的左边线垂直对齐，如图 2-177 所示。松开鼠标左键，对齐效果如图 2-178 所示。

图 2-176　　　　　　图 2-177　　　　　　图 2-178

2.3.5　对象的排序

　　图形对象之间存在着堆叠的关系，后绘制的图形对象一般显示在先绘制的图形对象之上。在实际操作中，可以根据需要改变图形对象之间的堆叠顺序。

　　选取要移动的图形对象，选择"对象 > 排列"命令，其子菜单中包括 4 个命令："置于顶层""前移一层""后移一层""置为底层"，使用这些命令可以改变图形对象的排序，效果如图 2-179 所示。

原图　　　　　　置于顶层　　　　　　前移一层　　　　　　后移一层　　　　　　置为底层

图 2-179

2.3.6 编组

1. 创建编组

选取要编组的对象，如图 2-180 所示。选择"对象 > 编组"命令，或按 Ctrl+G 组合键，对选取的对象进行编组，如图 2-181 所示。编组后，选择其中的任何一个对象，其他的对象也会同时被选取。

将多个对象组合后，其外观并没有发生变化。当对任何一个对象进行编辑时，其他对象也会随之产生相应的变化。

图 2-180   图 2-181

使用"编组"命令还可以将几个不同的组合进行进一步的组合，或将组合与对象进行进一步的组合。在几个组合之间进行组合时，原来的组合并没有消失，它与新得到的组合是嵌套的关系。

 组合不同图层上的对象，组合后所有的对象将自动移动到最上边对象的图层中，并形成组合。

2. 取消编组

选取要取消编组的对象，如图 2-182 所示。选择"对象 > 取消编组"命令，或按 Ctrl+Shift+G 组合键，取消对象的编组。取消编组后，可通过单击选取任意一个图形对象，如图 2-183 所示。

执行一次"取消编组"命令只能取消一层组合。例如，使用"编组"命令将两个组合组合为一个新的组合，应用"取消编组"命令取消这个新组合后，将得到两个原始组合。

图 2-182   图 2-183

2.3.7 锁定对象位置

使用"锁定"命令可锁定文档中不希望移动的对象。只要对象是锁定的，它便不能移动。当文档被保存、关闭或重新打开时，锁定的对象会保持锁定状态。

选取要锁定的图形，如图 2-184 所示。选择"对象 > 锁定"命令，或按 Ctrl+L 组合键，将图形的位置锁定。锁定后，移动其他图形时，该图形保持不动，效果如图 2-185 所示。

图 2-184   图 2-185

 如果在"首选项"对话框中取消勾选"常规"选项组中的"阻止选取锁定的对象"复选框，则可以选中锁定的对象。选中锁定的对象后，就可以更改其他的属性（如颜色、描边等）。

选择"对象 > 解锁跨页上的所有内容"命令，或按 Ctrl+Alt+L 组合键，被锁定的对象就会被取消锁定。

课堂练习——绘制卡通船

🔗 练习知识要点

使用"矩形工具""直接选择工具""删除锚点工具"制作卡通船主体,使用"多边形工具""矩形工具"绘制烟囱,使用"椭圆工具""复制命令""原位粘贴"命令复制和粘贴图形。卡通船效果如图 2-186 所示。

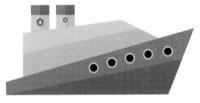

微课

绘制卡通船

图 2-186

📍 效果所在位置

云盘 > Ch02 > 效果 > 绘制卡通船.indd。

课后习题——绘制长颈鹿插画

🔗 练习知识要点

使用"钢笔工具""椭圆工具""矩形工具""直接选择工具""多边形工具""角选项"命令、"减去"按钮和"贴入内部"命令绘制长颈鹿。长颈鹿插画效果如图 2-187 所示。

微课

绘制长颈鹿插画

图 2-187

📍 效果所在位置

云盘 > Ch02 > 效果 > 绘制长颈鹿插画.indd。

03

第 3 章
路径的绘制与编辑

本章介绍 InDesign 2020 中路径的相关知识，讲解如何运用各种方法绘制和编辑路径。通过本章的学习，读者可以运用强大的路径绘制与编辑工具绘制出需要的自由曲线和创意图形。

学习目标

- ✔ 掌握绘制并编辑路径的方法。
- ✔ 掌握复合形状的使用技巧。

技能目标

- ✔ 掌握丹顶鹤插画的绘制方法。
- ✔ 掌握鱼餐厅标志的绘制方法。

素养目标

- ✔ 提高手眼协调能力。
- ✔ 培养细致、严谨的工作作风。

3.1 绘制并编辑路径

在 InDesign 2020 中，可以使用路径绘制工具绘制直线和曲线路径，也可以将矩形、多边形、椭圆形和文本对象转换成路径。下面介绍绘制和编辑路径的方法与技巧。

3.1.1 课堂案例——绘制丹顶鹤插画

案例学习目标

学习使用"钢笔工具""渐变色板工具"绘制丹顶鹤插画。

案例知识要点

使用"钢笔工具""渐变"面板、"吸管工具""椭圆工具""缩放"命令绘制丹顶鹤插画，使用"矩形工具""置为底层"命令绘制背景。丹顶鹤插画效果如图 3-1 所示。

效果所在位置

云盘 > Ch03 > 效果 > 绘制丹顶鹤插画.indd。

图 3-1

（1）选择"文件 > 新建 > 文档"命令，弹出"新建文档"对话框，选项的设置如图 3-2 所示。单击"边距和分栏"按钮，弹出"新建边距和分栏"对话框，选项的设置如图 3-3 所示。单击"确定"按钮，新建一个文档。选择"视图 > 其他 > 隐藏框架边缘"命令，将所绘图形的框架边缘隐藏。

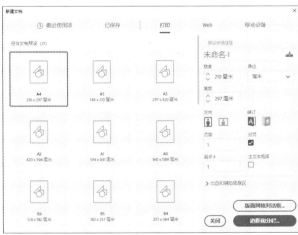

图 3-2

图 3-3

（2）选择"钢笔工具"，在页面中绘制一个闭合路径，如图 3-4 所示。双击"渐变色板工具"，弹出"渐变"面板，在"类型"下拉列表中选择"线性"选项，在色带上选中左侧的渐变色标，设置 CMYK 的值为 0、0、0、0，选中右侧的渐变色标，设置 CMYK 的值为 51、29、5、0，如

图 3-5 所示。图形被填充渐变色，并设置描边色为无，效果如图 3-6 所示。

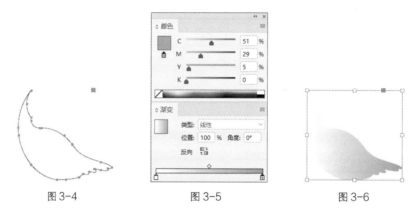

图 3-4　　　　　　　　图 3-5　　　　　　　　图 3-6

（3）选择"渐变色板工具" ，在图形中向右上方拖曳，如图 3-7 所示，松开鼠标左键后，效果如图 3-8 所示。（这里可以多拖曳几次，使效果达到最佳。）

（4）选择"钢笔工具" ，在适当的位置绘制一个闭合路径，如图 3-9 所示。选择"选择工具" ，选择"渐变"面板，在"类型"下拉列表中选择"线性"选项，在色带上选中左侧的渐变色标，设置 CMYK 的值为 98、87、72、61，选中右侧的渐变色标，设置 CMYK 的值为 100、84、56、29，如图 3-10 所示。图形被填充渐变色，并设置描边色为无，效果如图 3-11 所示。

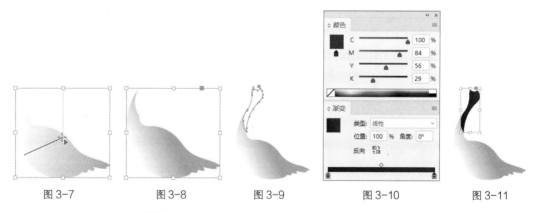

图 3-7　　　　图 3-8　　　　图 3-9　　　　图 3-10　　　　图 3-11

（5）选择"钢笔工具" ，在适当的位置绘制一个闭合路径，如图 3-12 所示。选择"吸管工具" ，将鼠标指针放置在需要的位置上，鼠标指针变为 形状，如图 3-13 所示。单击吸取渐变色，效果如图 3-14 所示。

（6）选择"选择工具" ，选取渐变图形，在"渐变"面板中，单击"反向渐变"按钮 ，如图 3-15 所示，反向填充渐变，效果如图 3-16 所示。

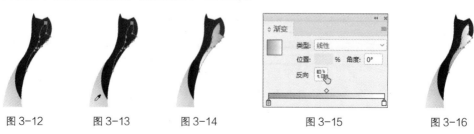

图 3-12　　　　图 3-13　　　　图 3-14　　　　图 3-15　　　　图 3-16

（7）用相同的方法绘制丹顶鹤的嘴巴，并填充相应的渐变色，效果如图 3-17 所示。选择"椭圆工具"
，在适当的位置拖曳鼠标指针，绘制一个椭圆形，如图 3-18 所示（为方便读者观看，这里以红色显示）。

（8）选择"渐变"面板，在"类型"下拉列表中选择"线性"选项，在色带上选中左侧的渐变色标，设置 CMYK 的值为 50、100、100、32，选中右侧的渐变色标，设置 CMYK 的值为 11、97、100、0，如图 3-19 所示。图形被填充渐变色，并设置描边色为无，效果如图 3-20 所示。

（9）在控制面板中将"旋转角度"设置为-20°，按 Enter 键，效果如图 3-21 所示。选择"椭圆工具"，按住 Shift 键的同时，在适当的位置拖曳鼠标指针，绘制一个圆形，填充图形为黑色，并设置描边色为无，效果如图 3-22 所示。

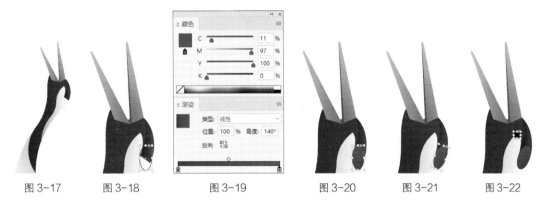

图 3-17　　　图 3-18　　　　　图 3-19　　　　　图 3-20　　　图 3-21　　　图 3-22

（10）选择"对象 > 变换 > 缩放"命令，弹出"缩放"对话框，选项的设置如图 3-23 所示。单击"复制"按钮，复制并缩小图形，填充图形为白色，效果如图 3-24 所示。选择"选择工具"，拖曳复制得到的圆形到适当的位置，效果如图 3-25 所示。

图 3-23　　　　　　　　图 3-24　　　　　　图 3-25

（11）用相同的方法绘制丹顶鹤的翅膀和脚，并填充相应的颜色，效果如图 3-26 所示。选择"矩形工具"，绘制一个与页面大小相等的矩形，如图 3-27 所示。设置填充色的 CMYK 值为 38、1、0、0，填充图形，并设置描边色为无，效果如图 3-28 所示。按 Ctrl+Shift+[组合键，将矩形置于底层，效果如图 3-29 所示。至此，丹顶鹤插画绘制完成。

图 3-26　　　　　　图 3-27　　　　　　　图 3-28　　　　　　图 3-29

3.1.2　路径

1. 路径的基本概念

路径分为开放路径、闭合路径和复合路径 3 种类型。开放路径的两个端点没有连接在一起，如图 3-30 所示。闭合路径没有起点和终点，是一条连续的路径，如图 3-31 所示，可对其进行内部填充或描边填充。复合路径是将几个开放路径或闭合路径进行组合而形成的路径，如图 3-32 所示。

图 3-30　　　　　　　图 3-31　　　　　　　图 3-32

2. 路径的组成

路径由锚点和线段组成，可以通过调整路径上的锚点或线段来改变路径的形状。在曲线路径上，每一个锚点都有一条或两条控制线，曲线中间的锚点有两条控制线，曲线端点处的锚点有一条控制线。控制线总是与曲线上锚点所在的圆相切，控制线呈现的角度和长度决定了曲线的形状。控制线的端点称为控制点，可以通过调整控制点来对整个曲线进行调整，如图 3-33 所示。

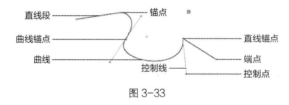

图 3-33

锚点：由"钢笔工具" 📝 创建，是一条路径中两条线的交点。路径是由锚点组成的。

直线锚点：单击刚建立的锚点，可以将锚点转换为带有一条控制线的直线锚点。直线锚点是一条直线段与一条曲线的连接点。

曲线锚点：曲线锚点是带有两条控制线的锚点。曲线锚点是两条曲线之间的连接点。调节控制线可以改变曲线的弧度。

控制线和控制点：通过调节控制线和控制点，可以更精准地绘制出路径。

直线段：用"钢笔工具" 📝 在图像中单击两个不同的位置，将在两点之间创建一条直线段。

曲线：拖动曲线锚点可以创建一条曲线。

端点：路径的起始点和结束点就是路径的端点。

3.1.3　直线工具

选择"直线工具" ╱，鼠标指针会变成 ┼ 形状，按住鼠标左键并拖曳到适当的位置可以绘制出一条任意角度的直线段，如图 3-34 所示。松开鼠标左键，绘制出处于选取状态的直线段，效果如图 3-35 所示。选择"选择工具" ▶，在选中的直线段外单击，取消选取状态，直线段的效果如图 3-36 所示。按住 Shift 键的同时再进行绘制，可以绘制水平、垂直或 45° 及 45° 倍数的直线段，如图 3-37 所示。

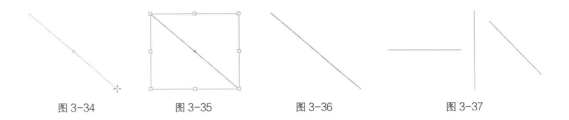

图 3-34　　　　　图 3-35　　　　　图 3-36　　　　　图 3-37

3.1.4　铅笔工具

1．使用"铅笔工具"绘制开放路径

选择"铅笔工具" ，当鼠标指针显示为 形状时，在页面中拖曳鼠标指针以绘制路径，如图 3-38 所示，松开鼠标左键后，效果如图 3-39 所示。

图 3-38　　　　　　　　　　　　　　图 3-39

2．使用"铅笔工具"绘制封闭路径

选择"铅笔工具" ，按住鼠标左键在页面中拖曳，按住 Alt 键不放，当鼠标指针显示为 形状时，表示正在绘制封闭路径，如图 3-40 所示。松开鼠标左键，再松开 Alt 键，绘制出封闭的路径，效果如图 3-41 所示。

图 3-40　　　　　　　　　　　图 3-41

3．使用"铅笔工具"连接两条路径

选择"选择工具" ，选取两条开放的路径，如图 3-42 所示。选择"铅笔工具" ，从一条路径的端点拖曳到另一条路径的端点处，如图 3-43 所示。按住 Ctrl 键不放，鼠标指针显示为 形状，表示将合并两个锚点或路径，如图 3-44 所示。松开鼠标左键，再松开 Ctrl 键，效果如图 3-45 所示。

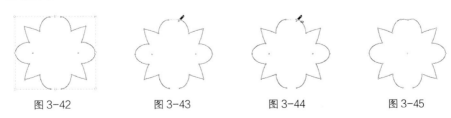

图 3-42　　　　　图 3-43　　　　　图 3-44　　　　　图 3-45

3.1.5　平滑工具

选择"直接选择工具" ，选取要进行平滑处理的路径。选择"平滑工具" ，沿着要进行平滑处理的路径拖曳，如图 3-46 所示。继续进行平滑处理，直到描边或路径达到所需的平滑度，效果如图 3-47 所示。

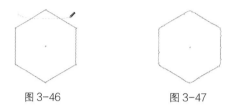

图 3-46 　　　　　　　　　　图 3-47

3.1.6　抹除工具

选择"直接选择工具" ▷，选取要抹除的路径，如图 3-48 所示。选择"抹除工具" ✐，沿着要抹除的路径拖曳，如图 3-49 所示。抹除后路径会断开，生成两个端点，效果如图 3-50 所示。

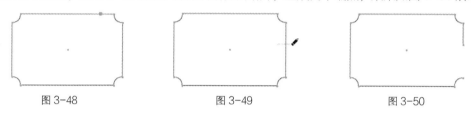

图 3-48 　　　　　　　　　图 3-49 　　　　　　　　　图 3-50

3.1.7　钢笔工具

1. 使用"钢笔工具"绘制直线段和折线

选择"钢笔工具" ✐，在页面中的任意位置单击，将创建出一个锚点。将鼠标指针移动到需要的位置再单击，可以创建第二个锚点，两个锚点之间自动以直线段进行连接，效果如图 3-51 所示。

再将鼠标指针移动到其他位置后单击，就出现了第三个锚点，第二个和第三个锚点之间生成一条新的直线段路径，效果如图 3-52 所示。

使用相同的方法继续绘制路径，效果如图 3-53 所示。当要闭合路径时，将鼠标指针定位于创建的第一个锚点上，鼠标指针变为 ▲ 形状，如图 3-54 所示，单击即可闭合路径，效果如图 3-55 所示。

图 3-51 　　　　图 3-52 　　　　图 3-53 　　　　图 3-54 　　　　图 3-55

绘制一条路径并保持路径开放，如图 3-56 所示。按住 Ctrl 键的同时，在对象外的任意位置单击，可以结束路径的绘制，开放路径的效果如图 3-57 所示。

图 3-56 　　　　　　　　　　　　　　　　　图 3-57

按住 Shift 键创建锚点，将强迫系统以 45°或 45°的倍数绘制路径。按住 Alt 键，"钢笔工具" 将暂时转换成"转换方向点工具" 。按住 Ctrl 键，"钢笔工具" 将暂时转换成"直接选择工具" 。

2．使用"钢笔工具"绘制路径

选择"钢笔工具" ，在页面中通过拖曳鼠标指针来确定路径的起点。起点上出现了两条控制线，松开鼠标左键，效果如图 3-58 所示。

移动鼠标指针到需要的位置，再次拖曳鼠标指针，出现了一条路径。拖曳鼠标指针的同时，第二个锚点上也出现了两条控制线。按住鼠标左键不放，随着鼠标指针的移动，路径的形状也随之发生变化，如图 3-59 所示。松开鼠标左键，拖曳鼠标指针继续进行绘制。

如果连续拖曳鼠标指针，就会绘制出平滑的路径，如图 3-60 所示。

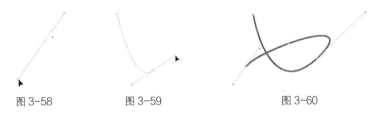

图 3-58　　　　　　图 3-59　　　　　　　　　图 3-60

3．使用"钢笔工具"绘制混合路径

选择"钢笔工具" ，在页面中需要的两个位置单击，绘制出直线段，如图 3-61 所示。

移动鼠标指针到需要的位置，拖曳绘制出一条路径，如图 3-62 所示。松开鼠标左键，移动鼠标指针到需要的位置，再次拖曳，又绘制出一条路径，松开鼠标左键，如图 3-63 所示。

图 3-61　　　　　　　　图 3-62　　　　　　　　图 3-63

将鼠标指针定位于刚建立的路径锚点上，鼠标指针变为 形状，在路径锚点上单击，将路径锚点转换为直线锚点，如图 3-64 所示。移动鼠标指针到需要的位置后再次单击，在路径后绘制出直线段，如图 3-65 所示。

将鼠标指针定位于创建的第一个锚点上，鼠标指针变为 形状，拖曳鼠标指针，如图 3-66 所示。松开鼠标左键，绘制出路径并闭合路径，如图 3-67 所示。

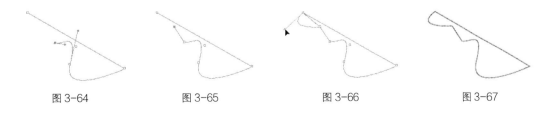

图 3-64　　　　　　图 3-65　　　　　　　图 3-66　　　　　　　图 3-67

4．调整路径

选择"直接选择工具"，选取需要调整的路径，如图 3-68 所示。在要调整的锚点上拖曳鼠标指针，可以移动锚点到需要的位置，如图 3-69 所示。拖曳锚点控制线上的控制点，可以调整路径的形状，如图 3-70 所示。

图 3-68　　　　　　　　图 3-69　　　　　　　　图 3-70

3.1.8　选取、移动锚点

1．选中路径上的锚点

对路径或图形上的锚点进行编辑时，必须先选中要编辑的锚点。绘制一条路径，选择"直接选择工具"，将显示路径上的锚点和线条，如图 3-71 所示。

路径中的方形点就是路径的锚点，在需要选取的锚点上单击，锚点上会显示控制线和控制线两端的控制点，同时会显示前后锚点的控制线和控制点，效果如图 3-72 所示。

图 3-71　　　　　　　　　　　　图 3-72

2．选中路径上的多个或全部锚点

选择"直接选择工具"，按住 Shift 键，单击需要的锚点，可选取多个锚点，如图 3-73 所示。

选择"直接选择工具"，在绘图页面中路径图形的外围拖曳鼠标指针，框住多个或全部的锚点，如图 3-74、图 3-75 所示，被框住的锚点将被选取，如图 3-76 和图 3-77 所示。单击路径外的任意位置，锚点的选取状态将被取消。

选择"直接选择工具"，单击路径的中心点，可选取路径上的所有锚点，如图 3-78 所示。

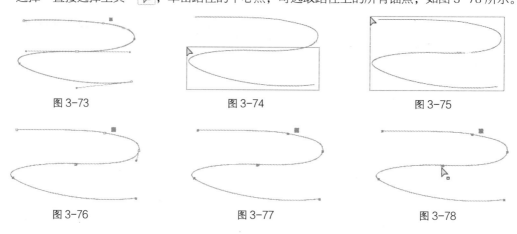

图 3-73　　　　　　　　图 3-74　　　　　　　　图 3-75

图 3-76　　　　　　　　图 3-77　　　　　　　　图 3-78

3. 移动路径上的单个锚点

绘制一个图形，如图 3-79 所示。选择"直接选择工具" ▷ ，选取要移动的锚点并进行拖曳，如图 3-80 所示。松开鼠标左键，图形调整后的效果如图 3-81 所示。

选择"直接选择工具" ▷ ，拖曳锚点上的控制点，如图 3-82 所示。松开鼠标左键，图形调整后的效果如图 3-83 所示。

图 3-79   图 3-80   图 3-81   图 3-82   图 3-83

4. 移动路径上的多个锚点

选择"直接选择工具" ▷ ，框选图形上的部分锚点，如图 3-84 所示，将它们拖曳到适当的位置，松开鼠标左键，移动后的锚点如图 3-85 所示。

选择"直接选择工具" ▷ ，锚点的选取状态如图 3-86 所示。拖曳任意一个被选取的锚点，其他被选取的锚点也会随着移动，如图 3-87 所示。松开鼠标左键，图形调整后的效果如图 3-88 所示。

图 3-84   图 3-85   图 3-86   图 3-87   图 3-88

3.1.9　增加、删除、转换锚点

选择"直接选择工具" ▷ ，选取要增加锚点的路径，如图 3-89 所示。选择"钢笔工具" ✐ 或"添加锚点工具" ✐ ，将鼠标指针定位到要增加锚点的位置，如图 3-90 所示。单击以增加一个锚点，如图 3-91 所示。

选择"直接选择工具" ▷ ，选取需要删除锚点的路径，如图 3-92 所示。选择"钢笔工具" ✐ 或"删除锚点工具" ✐ ，将鼠标指针定位到要删除的锚点的位置，如图 3-93 所示。单击可以删除锚点，效果如图 3-94 所示。

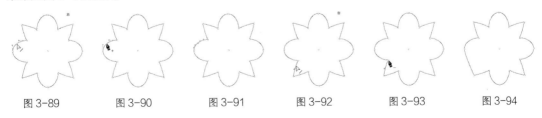

图 3-89   图 3-90   图 3-91   图 3-92   图 3-93   图 3-94

提示　如果需要在路径和图形中删除多个锚点，可以先按住 Shift 键，再选择要删除的多个锚点，选择好后按 Delete 键即可。也可以使用框选的方法选择需要删除的多个锚点，选择好后按 Delete 键。

使用"直接选择工具" ▷ 选取路径，如图 3-95 所示。选择"转换方向点工具" △，将定位到要转换的锚点上，如图 3-96 所示。拖曳鼠标指针可转换锚点，编辑路径的形状，效果如图 3-97 所示。

图 3-95 　　　　　　　图 3-96 　　　　　　　图 3-97

3.1.10　连接、断开路径

1.　使用"钢笔工具"连接路径

选择"钢笔工具" ✎，将鼠标指针置于一条开放路径的端点上，当鼠标指针变为 ▵_形状时单击端点，如图 3-98 所示。在需要扩展的新位置单击，绘制出的连接路径如图 3-99 所示。

图 3-98 　　　　　　　　　　　　　　图 3-99

选择"钢笔工具" ✎，将鼠标指针置于一条路径的端点上，当鼠标指针变为 ▵_形状时单击端点，如图 3-100 所示。再将鼠标指针置于另一条路径的端点上，当鼠标指针变为 ▵ 形状时，如图 3-101 所示，单击端点将两条路径连接，效果如图 3-102 所示。

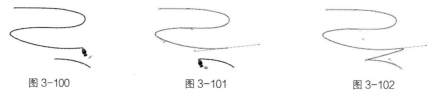

图 3-100 　　　　　　　图 3-101 　　　　　　　图 3-102

2.　使用面板连接路径

选择一条开放路径，如图 3-103 所示。选择"窗口 > 对象和版面 > 路径查找器"命令，弹出"路径查找器"面板，单击"封闭路径"按钮 ◌，如图 3-104 所示，将路径闭合，效果如图 3-105 所示。

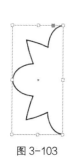

图 3-103

图 3-104

图 3-105

3. 使用菜单命令连接路径

选择一条开放路径，选择"对象 > 路径 > 封闭路径"命令，也可将路径封闭。

4. 使用"剪刀工具"断开路径

选择"直接选择工具" ▷，选取要断开路径的锚点，如图 3-106 所示。选择"剪刀工具" ✂，在锚点处单击，可将路径剪开，如图 3-107 所示。选择"直接选择工具" ▷，拖曳断开的锚点，效果如图 3-108 所示。

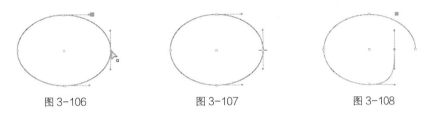

图 3-106   图 3-107   图 3-108

选择"选择工具" ▶，选取要断开的路径，如图 3-109 所示。选择"剪刀工具" ✂，在要断开的路径处单击，可将路径剪开，单击处将生成呈选中状态的锚点，如图 3-110 所示。选择"直接选择工具" ▷，拖曳断开的锚点，效果如图 3-111 所示。

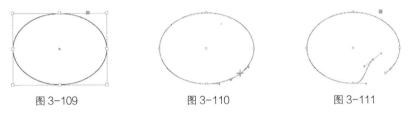

图 3-109   图 3-110   图 3-111

5. 使用面板断开路径

选择"选择工具" ▶，选取需要断开的路径，如图 3-112 所示。选择"窗口 > 对象和版面 > 路径查找器"命令，弹出"路径查找器"面板，单击"开放路径"按钮 ⟳，如图 3-113 所示，将封闭的路径断开，如图 3-114 所示，呈选中状态的锚点是路径的断开点。拖曳该锚点，效果如图 3-115 所示。

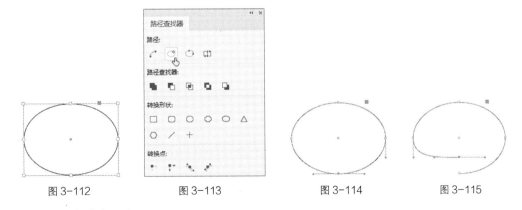

图 3-112   图 3-113   图 3-114   图 3-115

6. 使用菜单命令断开路径

选择一条封闭路径，选择"对象 > 路径 > 开放路径"命令，可将路径断开，呈选中状态的锚点为路径的断开点。

3.2　复合形状

在 InDesign 2020 中，使用复合形状来编辑图形对象是非常重要的手段。复合形状是由简单路径、文本框、文本外框或其他形状通过添加、减去、交叉、排除重叠或减去后方对象操作制作而成的。

3.2.1　课堂案例——绘制鱼餐厅标志

案例学习目标

学习使用"钢笔工具""路径查找器"面板、"渐变色板工具"绘制鱼餐厅标志。

案例知识要点

使用"钢笔工具""路径查找器"面板、"渐变"面板、"椭圆工具"绘制鱼餐厅标志。鱼餐厅标志效果如图 3-116 所示。

效果所在位置

云盘 > Ch03 > 效果 > 绘制鱼餐厅标志.indd。

图 3-116

（1）按 Ctrl+O 组合键，弹出"打开文件"对话框，选择云盘中的 "Ch03 > 素材 > 绘制鱼餐厅标志 > 01"文件，单击"打开"按钮，打开文件，效果如图 3-117 所示。选择"钢笔工具" ，在页面外拖曳鼠标指针，绘制一个闭合路径，如图 3-118 所示。

（2）使用"钢笔工具" ✒ 在适当的位置分别绘制 4 个闭合路径，如图 3-119 所示。选择"选择工具" ▶，用框选的方法将所绘制的闭合路径同时选取，如图 3-120 所示。

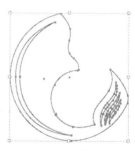

图 3-117　　　　　　图 3-118　　　　　　图 3-119　　　　　　图 3-120

（3）选择"窗口 > 对象和版面 > 路径查找器"命令，弹出"路径查找器"面板，单击"减去"按钮 ⬚，如图 3-121 所示，生成新对象，效果如图 3-122 所示。

（4）双击"渐变色板工具" ⬚，弹出"渐变"面板，在"类型"下拉列表中选择"线性"选项，在色带上选中左侧的渐变色标，设置 CMYK 的值为 10、8、67、0，选中右侧的渐变色标，设置 CMYK 的值为 4、45、90、0，如图 3-123 所示。图形被填充渐变色，并设置描边色为无，效果如图 3-124 所示。

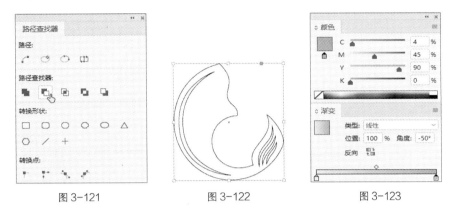

图 3-121　　　　　　　　图 3-122　　　　　　　　图 3-123

（5）选择"钢笔工具" 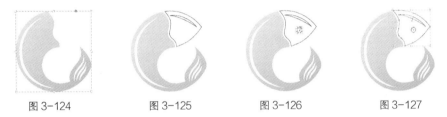，在适当的位置拖曳鼠标指针，分别绘制两个闭合路径，如图 3-125 所示。选择"椭圆工具" ，按住 Shift 键的同时，在适当的位置绘制一个圆形，如图 3-126 所示。选择"选择工具" ，用框选的方法将所绘制的图形同时选取，如图 3-127 所示。

图 3-124　　　　　　　图 3-125　　　　　　　图 3-126　　　　　　　图 3-127

（6）在"路径查找器"面板中，单击"减去"按钮 ，如图 3-128 所示，生成新对象，效果如图 3-129 所示。

（7）选择"渐变"面板，在"类型"下拉列表中选择"线性"选项，在色带上选中左侧的渐变色标，设置 CMYK 的值为 0、57、93、0，选中右侧的渐变色标，设置 CMYK 的值为 2、27、54、0，如图 3-130 所示。图形被填充渐变色，并设置描边色为无，效果如图 3-131 所示。用相同的方法绘制鱼尾，填充相应的渐变色，效果如图 3-132 所示。

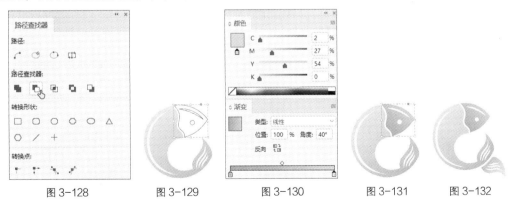

图 3-128　　　　图 3-129　　　　图 3-130　　　　图 3-131　　　图 3-132

（8）选择"钢笔工具" ，在适当的位置拖曳鼠标指针，分别绘制两个闭合路径，如图 3-133 所示。选择"选择工具" ，按住 Shift 键的同时，依次单击选取需要的闭合路径。

（9）选择"渐变"面板，在"类型"下拉列表中选择"线性"选项，在色带上选中左侧的渐变色标，设置 CMYK 的值为 2、53、26、0，选中右侧的渐变色标，设置 CMYK 的值为 1、9、10、0，如图 3-134 所示。图形被填充渐变色，并设置描边色为无，效果如图 3-135 所示。

图 3-133   图 3-134   图 3-135

（10）选择"选择工具" ，选取左上角的渐变图形。在"渐变"面板中，单击"反向渐变"按钮 ，如图 3-136 所示，反向填充渐变，效果如图 3-137 所示。

（11）选择"选择工具" ，用框选的方法将所绘制的图形全部选取，按 Ctrl+G 组合键，编组图形，并将其拖曳到页面中适当的位置，如图 3-138 所示。在页面空白处单击，取消图形的选取状态，鱼餐厅标志绘制完成，效果如图 3-139 所示。

图 3-136   图 3-137   图 3-138   图 3-139

3.2.2 复合形状

1. 添加

添加是将多个对象组合成一个图形，新的图形轮廓由被添加图形的边界组成，被添加图形的交叉线都将消失。

选择"选择工具" ，选取需要的图形对象，如图 3-140 所示。选择"窗口 > 对象和版面 > 路径查找器"命令，弹出"路径查找器"面板，单击"相加"按钮 ，如图 3-141 所示，将两个图形相加。相加后得到的图形对象的描边和颜色与顶层的图形对象相同，效果如图 3-142 所示。

图 3-140   图 3-141   图 3-142

选取需要的图形对象，选择"对象 > 路径查找器 > 添加"命令，也可以将两个图形相加。

2．减去

减去是从底层的对象中减去顶层的对象，被剪后的对象保留其填充和描边属性。

选择"选择工具" ，选取需要的图形对象，如图 3-143 所示。选择"窗口 > 对象和版面 > 路径查找器"命令，弹出"路径查找器"面板，单击"减去"按钮 ，如图 3-144 所示，将两个图形相减。相减后得到的对象保持底层对象的属性，效果如图 3-145 所示。

图 3-143   图 3-144   图 3-145

选取需要的图形对象，选择"对象 > 路径查找器 > 减去"命令，也可以将两个图形相减。

3．交叉

交叉是将两个或两个以上对象的相交部分保留，使相交的部分成为一个新的图形对象。

选择"选择工具" ，选取需要的图形对象，如图 3-146 所示。选择"窗口 > 对象和版面 > 路径查找器"命令，弹出"路径查找器"面板，单击"交叉"按钮 ，如图 3-147 所示，将两个图形交叉。相交后得到的对象保持顶层对象的属性，效果如图 3-148 所示。

图 3-146   图 3-147   图 3-148

选取需要的图形对象，选择"对象 > 路径查找器 > 交叉"命令，也可以将两个图形相交。

4．排除重叠

排除重叠是减去前后图形的重叠部分，使不重叠的部分成为一个新的图形。

选择"选择工具" ，选取需要的图形对象，如图 3-149 所示。选择"窗口 > 对象和版面 > 路径查找器"命令，弹出"路径查找器"面板，单击"排除重叠"按钮 ，如图 3-150 所示，将两个图形重叠的部分减去。生成的新对象保持顶层的图形对象的属性，效果如图 3-151 所示。

　　选取需要的图形对象，选择"对象 > 路径查找器 > 排除重叠"命令，也可将两个图形重叠的部分减去。

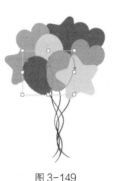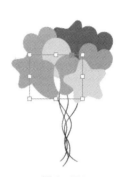

图 3-149　　　　　　　　　　图 3-150　　　　　　　　　　图 3-151

5. 减去后方对象

　　减去后方对象是减去后面图形，并减去前后图形的重叠部分，保留前面图形的剩余部分。

　　选择"选择工具" ▶，选取需要的图形对象，如图 3-152 所示。选择"窗口 > 对象和版面 > 路径查找器"命令，弹出"路径查找器"面板，单击"减去后方对象"按钮 ▣，如图 3-153 所示，将后方的图形对象和前后图形对象的重叠部分减去。生成的新对象保持顶层的图形对象的属性，效果如图 3-154 所示。

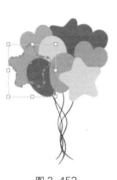

图 3-152　　　　　　　　　　图 3-153　　　　　　　　　　图 3-154

　　选取需要的图形对象，选择"对象 > 路径查找器 > 减去后方对象"命令，将后方的图形对象和前后图形对象的重叠部分减去。

课堂练习——绘制琵琶插画

🔗 练习知识要点

　　使用"钢笔工具""路径查找器"面板、"椭圆工具""缩放"命令、"直线工具""矩形工具"和"角选项"命令绘制琵琶插画。琵琶插画效果如图 3-155 所示。

微课

绘制琵琶插画

图 3-155

效果所在位置

云盘 > Ch03 > 效果 > 绘制琵琶插画.indd。

课后习题——绘制海滨插画

习题知识要点

使用"椭圆工具""矩形工具""减去"按钮和"贴入内部"命令制作海水和天空，使用"椭圆工具""矩形工具"和"减去"按钮制作云图形，使用"矩形工具""删除锚点工具""直接选择工具"制作帆船。海滨插画效果如图 3-156 所示。

微课

绘制海滨插画

图 3-156

效果所在位置

云盘 > Ch03 > 效果 > 绘制海滨插画.indd。

04

第 4 章
编辑描边与填充

本章详细讲解在 InDesign 2020 中编辑图形描边和填充图形颜色的方法，并对"效果"面板进行重点介绍。通过本章的学习，读者可以制作出不同的图形描边和填充效果，还可以根据设计制作需要来应用混合模式和特殊效果。

学习目标

✔ 掌握填充与描边的编辑技巧。
✔ 掌握"效果"面板的使用技法。

技能目标

✔ 掌握家居插画的绘制方法。
✔ 掌握牛奶草莓广告的制作方法。

素养目标

✔ 培养精益求精的工作作风。
✔ 加深对中华优秀传统文化的热爱。

4.1 设置描边与填充

InDesign 2020 中提供了丰富的描边和填充设置，可以制作出精美的效果。下面介绍编辑图形填充与描边的方法和技巧。

4.1.1 课堂案例——绘制家居插画

案例学习目标

学习使用"颜色"面板、"渐变色板工具"绘制家居插画。

案例知识要点

使用"选择工具""渐变色板工具""渐变羽化"命令、"描边"面板、"颜色"面板和"吸管工具"绘制家居插画。家居插画效果如图 4-1 所示。

效果所在位置

云盘 > Ch04 > 效果 > 绘制家居插画.indd。

图 4-1

（1）按 Ctrl+O 组合键，弹出"打开文件"对话框，选择云盘中的"Ch04 > 素材 > 绘制家居插画 > 01"文件，单击"打开"按钮，打开文件，效果如图 4-2 所示。选择"选择工具"，选取图 4-3 所示的闭合路径。

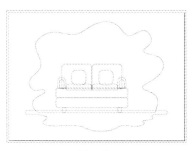

图 4-2

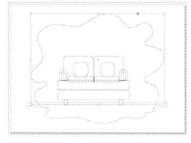

图 4-3

（2）双击"渐变色板工具"，弹出"渐变"面板，在"类型"下拉列表中选择"线性"选项，在色带上选中左侧的渐变色标，设置 CMYK 的值为 4、22、25、0，选中右侧的渐变色标，设置 CMYK 的值为 3、6、15、0，如图 4-4 所示。图形被填充渐变色，并设置描边色为无，效果如图 4-5 所示。

（3）选择"选择工具"，选取下方的闭合路径，如图 4-6 所示。选择"渐变"面板，在"类型"下拉列表中选择"线性"选项，在色带上选中左侧的渐变色标，设置 CMYK 的值为 13、5、7、0，选中右侧的渐变色标，设置 CMYK 的值为 31、22、21、0，如图 4-7 所示。图形被填充渐变色，并设置描边色为无，效果如图 4-8 所示。

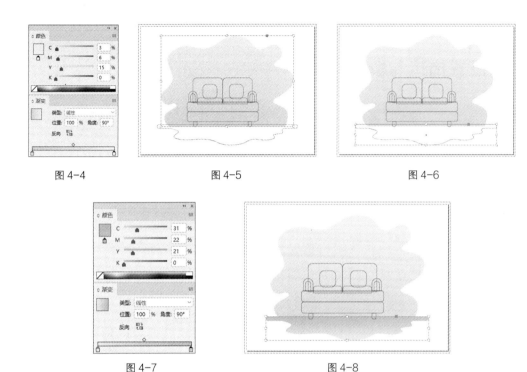

图 4-4　　　　　　　　　　图 4-5　　　　　　　　　　图 4-6

图 4-7　　　　　　　　　　图 4-8

（4）单击控制面板中的"向选定的目标添加对象效果"按钮 *fx*，在弹出的菜单中选择"渐变羽化"命令，弹出"效果"对话框，选项的设置如图 4-9 所示。单击"确定"按钮，效果如图 4-10 所示。

图 4-9　　　　　　　　　　图 4-10

（5）选择"选择工具" ▶，选取需要的圆角矩形，如图 4-11 所示；选择"窗口 > 描边"命令，弹出"描边"面板，将"粗细"设置为 4 点，如图 4-12 所示。按 Enter 键，效果如图 4-13 所示。

图 4-11　　　　　　　　　　图 4-12　　　　　　　　　　图 4-13

（6）选择"窗口 > 颜色 > 颜色"命令，弹出"颜色"面板，设置描边色的 CMYK 值为 94、67、54、14，如图 4-14 所示。按 Enter 键，效果如图 4-15 所示。

（7）在"颜色"面板中，单击"填色"按钮，如图 4-16 所示。在"渐变"面板的"类型"下拉列表中选择"线性"选项，在色带上选中左侧的渐变色标，设置 CMYK 的值为 89、55、45、1，选中右侧的渐变色标，设置 CMYK 的值为 79、29、34、0，如图 4-17 所示。图形被填充渐变色，效果如图 4-18 所示。

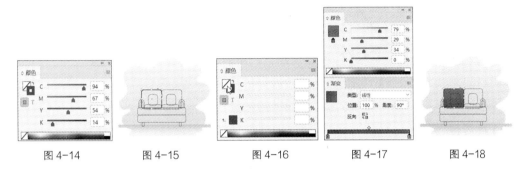

图 4-14　　　　图 4-15　　　　　　图 4-16　　　　图 4-17　　　　图 4-18

（8）选择"选择工具"　，选取右侧的圆角矩形，如图 4-19 所示。选择"吸管工具"　，将鼠标指针放置在左侧的圆角矩形上，鼠标指针变为　形状，如图 4-20 所示。在圆角矩形上单击以吸取颜色，效果如图 4-21 所示。用上述方法为其他图形填充相应的颜色，效果如图 4-22 所示。

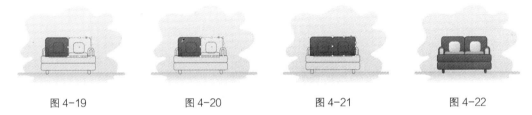

图 4-19　　　　　　图 4-20　　　　　　图 4-21　　　　　　图 4-22

（9）按 Ctrl+O 组合键，弹出"打开文件"对话框，选择云盘中的"Ch04 ＞ 素材 ＞ 绘制家居插画 ＞ 02"文件，单击"打开"按钮，打开文件。按 Ctrl+A 组合键，全选图形。按 Ctrl+C 组合键，复制选取的图形。返回到正在编辑的页面，按 Ctrl+V 组合键，将其粘贴到页面中。选择"选择工具"　，拖曳复制得到的图形到适当的位置，效果如图 4-23 所示。

（10）在页面空白处单击，取消图形的选取状态，家居插画绘制完成，效果如图 4-24 所示。

图 4-23　　　　　　　　　　　　图 4-24

4.1.2　编辑描边

描边是指图形对象的边缘或路径。默认状态下，在 InDesign 2020 中绘制出的图形基本上都有细细的黑色描边。通过调整描边的宽度，可以得到不同宽度的描边线，如图 4-25 所示。描边可以设置为无。

　　应用工具箱下方的"描边"按钮，如图 4-26 所示，可以指定所选对象的描边颜色。按 X 键，可以切换填充显示框和描边显示框的位置。单击"互换填色和描边"按钮↰或按 Shift+X 组合键，可以互换填充色和描边色。

图 4-25　　　　　　　　　　　　　　　　　　　　　　图 4-26

　　工具箱下方有 3 个按钮，分别是"应用颜色"按钮■、"应用渐变"按钮◨和"应用无"按钮⬚。

1. 设置描边的粗细

　　选择"选择工具"▶，选取需要的图形，如图 4-27 所示。在控制面板中的"描边粗细"选项文本框中输入需要的数值，如图 4-28 所示。按 Enter 键确认操作，效果如图 4-29 所示。

图 4-27　　　　　　　　　　图 4-28　　　　　　　　　　图 4-29

　　选择"选择工具"▶，选取需要的图形，如图 4-30 所示。选择"窗口 > 描边"命令，或按 F10 键，弹出"描边"面板，在"粗细"下拉列表中选择需要的数值，或者直接输入合适的数值。本例设置为 4 点，如图 4-31 所示，图形的描边粗细被改变，效果如图 4-32 所示。

图 4-30　　　　　　　　　　图 4-31　　　　　　　　　　图 4-32

2. 设置描边的填充

　　保持图形处于选取状态，如图 4-33 所示。选择"窗口 > 颜色 > 色板"命令，弹出"色板"面板，单击"描边"按钮，如图 4-34 所示。单击面板右上方的☰图标，在弹出的菜单中选择"新建颜色色板"命令，弹出"新建颜色色板"对话框，选项的设置如图 4-35 所示。单击"确定"按钮，图形描边的填充效果如图 4-36 所示。

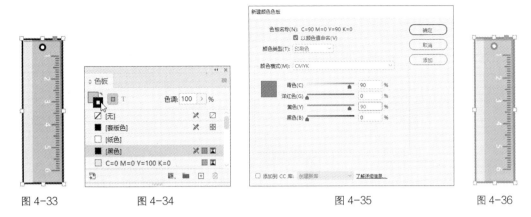

图 4-33   图 4-34   图 4-35   图 4-36

保持图形处于选取状态，如图 4-37 所示。选择"窗口 > 颜色 > 颜色"命令，弹出"颜色"面板，选项的设置如图 4-38 所示。或双击工具箱下方的"描边"按钮，弹出"拾色器"对话框，如图 4-39 所示。在该对话框中调配好所需的颜色后，单击"确定"按钮，图形描边的填充效果如图 4-40 所示。

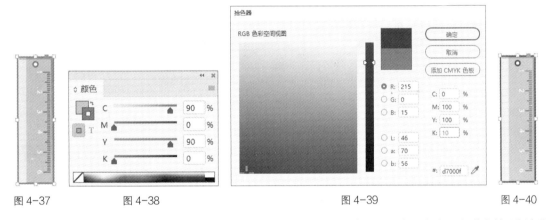

图 4-37   图 4-38   图 4-39   图 4-40

保持图形处于选取状态，如图 4-41 所示。选择"窗口 > 颜色 > 渐变"命令，在弹出的"渐变"面板中可以调配所需的渐变色，如图 4-42 所示，图形描边的渐变效果如图 4-43 所示。

图 4-41   图 4-42   图 4-43

3. 使用"描边"面板

选择"窗口 > 描边"命令，或按 F10 键，弹出"描边"面板，如图 4-44 所示。"描边"面板主要用来设置对象描边的属性，如粗细、形状等。

在"描边"面板中，"斜接限制"选项用于设置描边沿路径改变方向时的伸展长度。读者可以在其下拉列表中选择所需的数值，也可以在数值框中直接输入合适的数值。将"斜接限制"设置为 2 和 20 时的描边效果分别如图 4-45 和图 4-46 所示。

图 4-44   图 4-45   图 4-46

在"描边"面板中，可以为描边的首端和尾端选择不同的端点样式来改变其形状。使用"钢笔工具" 绘制一个路径，在"描边"面板中，单击端点样式按钮，相应的端点样式会应用到选定的路径中，如图 4-47 所示。

平头端点   圆头端点   投射末端

图 4-47

"连接"选项用于设置描边拐角处的形状。该选项有斜接连接、圆角连接和斜面连接 3 种不同的转角连接样式。绘制多边形，单击"描边"面板中的转角连接样式按钮，相应的转角连接样式会应用到选定的路径中，如图 4-48 所示。

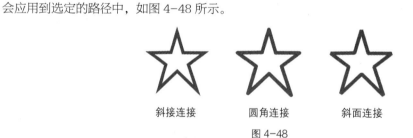

斜接连接   圆角连接   斜面连接

图 4-48

在"描边"面板中，对齐描边是指在路径的内部、中间、外部设置描边，包括"描边对齐中心"按钮、"描边居内"按钮和"描边居外"按钮3 个样式按钮。选定这 3 种样式并分别应用到选定的路径中，效果如图 4-49 所示。

描边对齐中心   描边居内   描边居外

图 4-49

在"描边"面板的"类型"下拉列表中可以选择不同的描边类型，如图 4-50 所示。在"起始处/结束处"下拉列表中可以选择线段的首端和尾端的形状样式，如图 4-51 所示。

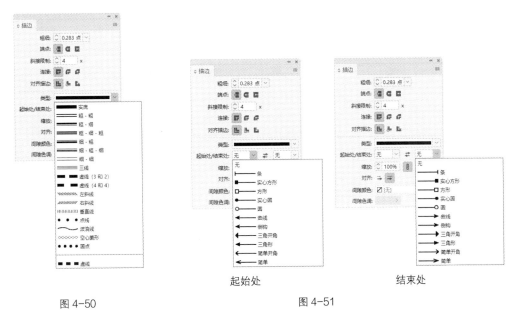

图 4-50

起始处   结束处

图 4-51

"互换箭头起始处和结束处"按钮用于互换起始箭头和终点箭头。选中曲线，如图 4-52 所示。在"描边"面板中单击"互换箭头起始处和结束处"按钮，如图 4-53 所示，效果如图 4-54 所示。

图 4-52   图 4-53   图 4-54

在"描边"面板的"缩放"选项中，左侧的是"箭头起始处的缩放因子"数值框，右侧的是"箭头结束处的缩放因子"数值框，设置需要的数值，可以缩放曲线的起始箭头和结束箭头。选中要缩放的曲线，如图 4-55 所示。将"箭头起始处的缩放因子"设置为 200%，如图 4-56 所示，效果如图 4-57 所示。将"箭头结束处的缩放因子"设置为 200%，效果如图 4-58 所示。

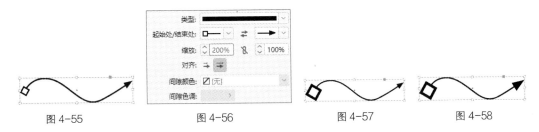

图 4-55   图 4-56   图 4-57   图 4-58

单击"缩放"选项右侧的"链接箭头起始处和结束处缩放"按钮，可以同时改变起始箭头和结束箭头的大小。

在"描边"面板的"对齐"选项中，左侧的是"将箭头提示扩展到路径终点外"按钮，右侧的是"将箭头提示放置于路径终点处"按钮，这两个按钮分别可以设置箭头在终点以外和箭头在终点处。选中曲线，单击"将箭头提示扩展到路径终点外"按钮，箭头在终点外显示，如图 4-59 所示；单击"将箭头提示放置于路径终点处"按钮，箭头在终点处显示，如图 4-60 所示。

图 4-59　　　　　　　　　　　图 4-60

在"描边"面板中，"间隙颜色"选项用于设置除实线以外的其他线段的间隙颜色，如图 4-61 所示，间隙颜色的多少由"色板"面板中的颜色决定。"间隙色调"选项用于设置所填充间隙颜色的饱和度，如图 4-62 所示。

在"描边"面板的"类型"下拉列表中选择"虚线"选项，"描边"面板下方会自动弹出虚线的相关选项，如图 4-63 所示，可以创建描边的虚线效果。虚线的相关选项中包括 6 个文本框，第一个文本框默认的虚线值为 12 点。

"虚线"选项用来设置虚线段的长度。数值框中输入的数值越大，虚线段的长度就越长；输入的数值越小，虚线段的长度就越短。

"间隔"选项用来设置虚线段之间的距离。输入的数值越大，虚线段之间的距离越大；输入的数值越小，虚线段之间的距离就越小。

"角点"选项用来设置虚线中拐点的调整方法，其中包括无、调整线段、调整间隙、调整线段和间隙 4 种调整方法。

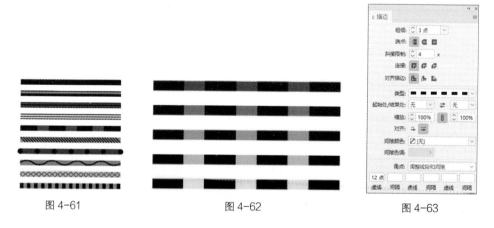

图 4-61　　　　　　　　　图 4-62　　　　　　　　　图 4-63

4.1.3　标准填充

应用工具箱中的"填色"按钮、"颜色"面板及"色板"面板可以指定所选对象的填充颜色。

1. 使用工具箱填充

选择"选择工具"，选取需要填充的图形，如图 4-64 所示。双击工具箱下方的"填充"按钮，弹出"拾色器"对话框，调配所需的颜色，如图 4-65 所示。单击"确定"按钮，对象的填充效果如图 4-66 所示。

2. 使用"颜色"面板填充

在 InDesign 2020 中，也可以通过"颜色"面板设置对象的填充颜色。单击"颜色"面板右上方的≡图标，在弹出的菜单中选择当前取色时使用的颜色模式。无论选择哪一种颜色模式，面板中都将显示出相关的颜色内容，如图 4-67 所示。

图 4-64　　　　　　　　　　图 4-65　　　　　　　　　　图 4-66

选择"窗口 > 颜色 > 颜色"命令，弹出"颜色"面板。"颜色"面板上的🔲按钮用来进行填充颜色和描边颜色的互相切换，使用方法与工具箱中🔲按钮的使用方法相同。

将鼠标指针移动到取色区域，鼠标指针变为吸管形状，单击可以选取颜色，如图 4-68 所示。拖曳各个颜色滑块或在各个数值框中输入有效的数值，可以调配出精确的颜色。

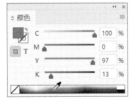

图 4-67　　　　　　　　　　　图 4-68

更改或设置对象的颜色时，单击选取已有的对象，在"颜色"面板中调配出新颜色，如图 4-69 所示，新颜色将被应用到当前选定的对象中，如图 4-70 所示。

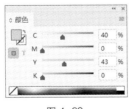

图 4-69　　　　　　　图 4-70

3. 使用"色板"面板填充

选择"窗口 > 颜色 > 色板"命令，弹出"色板"面板，如图 4-71 所示。在"色板"面板中单击需要的颜色，可以将其选中并应用到选取的图形中。

选择"选择工具"▶，选取需要填充的图形，如图 4-72 所示。在"色板"面板中，单击面板右上方的≡图标，在弹出的菜单中选择"新建颜色色板"命令，弹出"新建颜色色板"对话框，选项的设置如图 4-73 所示。单击"确定"按钮，对象的填充效果如图 4-74 所示。

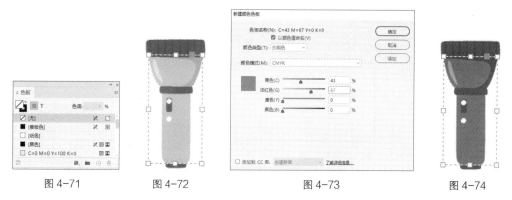

图 4-71   图 4-72   图 4-73   图 4-74

在"色板"面板中拖曳需要的颜色到路径或图形上，松开鼠标左键，也可以填充。

4.1.4　渐变填充

1．创建渐变填充

选取需要的图形，如图 4-75 所示。选择"渐变色板工具" ，在图形中需要的位置单击，设置渐变的起点并拖曳鼠标指针，再次单击确定渐变的终点，如图 4-76 所示，松开鼠标左键，渐变填充的效果如图 4-77 所示。

选取需要的图形，如图 4-78 所示。选择"渐变羽化工具" ，在图形中需要的位置单击，设置渐变的起点并拖曳鼠标指针，再次单击确定渐变的终点，如图 4-79 所示，松开鼠标左键，渐变羽化的效果如图 4-80 所示。

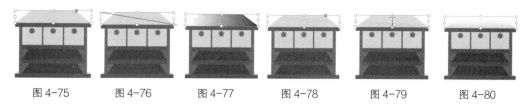

图 4-75   图 4-76   图 4-77   图 4-78   图 4-79   图 4-80

2．"渐变"面板

在"渐变"面板中可以选择"线性"渐变或"径向"渐变，设置渐变的起始颜色、中间颜色和终止颜色，还可以设置渐变的位置和角度。

选择"窗口 > 颜色 > 渐变"命令，弹出"渐变"面板，如图 4-81 所示。从"类型"下拉列表中可以选择"线性"或"径向"渐变方式，如图 4-82 所示。

图 4-81   图 4-82

选取需要的图形，如图 4-83 所示。"角度"文本框中会显示当前的渐变角度，如图 4-84 所示。重新输入数值，如图 4-85 所示，按 Enter 键，可以改变渐变的角度，如图 4-86 所示。

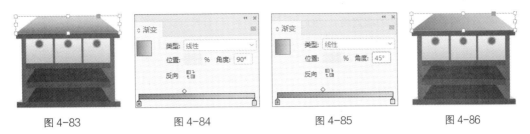

图 4-83　　　　　　图 4-84　　　　　　图 4-85　　　　　　图 4-86

单击"渐变"面板下方的渐变色标,"位置"文本框中会显示出该色标处的颜色在渐变颜色中的位置百分数,如图 4-87 所示。拖曳该色标,改变其位置,将改变颜色的渐变梯度,如图 4-88 所示。

单击"渐变"面板中的"反向渐变"按钮,可将色带中的渐变颜色反转,如图 4-89 所示。

图 4-87　　　　　　　图 4-88　　　　　　　图 4-89

在色带下边单击,可以添加一个渐变色标,如图 4-90 所示。在"颜色"面板中调配颜色,如图 4-91 所示,可以改变渐变色标处的颜色,如图 4-92 所示。按住渐变色标不放并将其拖到"渐变"面板外,可以直接删除渐变色标。

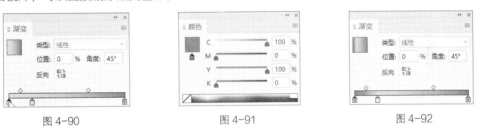

图 4-90　　　　　　　图 4-91　　　　　　　图 4-92

3. 渐变填充的样式

选择需要的图形,如图 4-93 所示。双击"渐变色板工具"或选择"窗口 > 颜色 > 渐变"命令,弹出"渐变"面板。"渐变"面板的色带中会显示程序默认的白色到黑色的线性渐变样式,如图 4-94 所示。在"渐变"面板的"类型"下拉列表中选择"线性"选项,如图 4-95 所示,图形将被线性渐变填充,效果如图 4-96 所示。

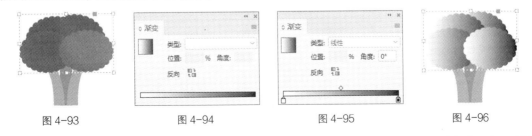

图 4-93　　　　　　图 4-94　　　　　　图 4-95　　　　　　图 4-96

单击色带左侧的渐变色标,如图 4-97 所示,然后在"颜色"面板中调配所需的颜色,设置渐变的起始颜色。再单击色带右侧的渐变色标。如图 4-98 所示,设置渐变的终止颜色,效果如图 4-99

所示。图形的线性渐变填充效果如图 4-100 所示。

图 4-97   图 4-98   图 4-99   图 4-100

拖曳色带上边的控制滑块，可以改变颜色的渐变位置，如图 4-101 所示，这时"位置"文本框中的数值也会随之发生变化。同样，设置"位置"文本框中的数值也可以改变颜色的渐变位置，图形的线性渐变填充效果也将改变，如图 4-102 所示。

如果要改变颜色渐变的方向，可使用"渐变色板工具" ▣ 直接在图形中拖曳。当需要精确地改变渐变方向时，可通过"渐变"面板中的"角度"选项来控制。

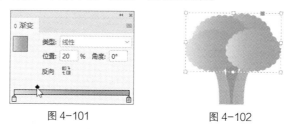

图 4-101   图 4-102

选择绘制好的图形，如图 4-103 所示。双击"渐变色板工具" ▣ 或选择"窗口 > 颜色 > 渐变"命令，弹出"渐变"面板。"渐变"面板的色带中会显示程序默认的白色到黑色的线性渐变样式，如图 4-104 所示。在"渐变"面板的"类型"下拉列表中选择"径向"选项，如图 4-105 所示，图形将被径向渐变填充，效果如图 4-106 所示。

图 4-103   图 4-104   图 4-105   图 4-106

单击"渐变"面板中色带左侧或右侧的渐变色标，然后在"颜色"面板中调配颜色，可改变图形的渐变颜色，效果如图 4-107 所示。拖曳色带上边的控制滑块，可以改变颜色的中心渐变位置，效果如图 4-108 所示。使用"渐变色板工具" ▣ 在图形中拖曳，可改变径向渐变的中心位置，效果如图 4-109 所示。

图 4-107   图 4-108   图 4-109

4.1.5 "色板"面板

选择"窗口 > 颜色 > 色板"命令,弹出"色板"面板,如图 4-110 所示。"色板"面板提供了多种颜色,并且允许用户添加和存储自定义的色板。单击"将选定色板添加到我的当前 CC 库"按钮,可以将颜色主题中的色板添加到 CC 库中;单击"显示全部色板"按钮,可以使所有的色板显示出来;单击"显示颜色色板"按钮,将仅显示颜色色板;单击"显示渐变色板"按钮,将仅显示渐变色板;单击"显示颜色组"按钮,将仅显示颜色组;"新建颜色组"按钮用于新建一个颜色组;"新建色板"按钮用于定义和新建一个新的色板;单击"删除选定的色板/组"按钮,可以将选定的色板或颜色组从"色板"面板中删除。

图 4-110

1. 添加色板

选择"窗口 > 颜色 > 色板"命令,弹出"色板"面板,单击面板右上方的≡图标,在弹出的菜单中选择"新建颜色色板"命令,弹出"新建颜色色板"对话框,如图 4-111 所示。在"颜色类型"下拉列表中选择新建的颜色是印刷色还是专色。"颜色模式"选项用来定义颜色的模式。拖曳下方的滑块可改变色值,也可以在滑块右侧的文本框中直接输入数值,如图 4-112 所示。

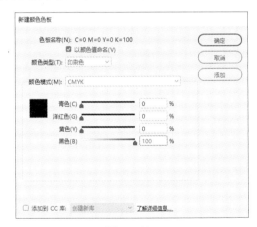

图 4-111

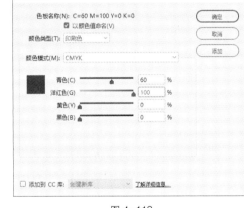

图 4-112

勾选"以颜色值命名"复选框,添加的色板将以色值命名;若不勾选该复选框,可直接在"色板名称"文本框中输入新色板的名称,如图 4-113 所示。单击"添加"按钮,可以添加色板并定义另一个色板。定义完成后,单击"确定"按钮,选定的颜色会出现在"色板"面板及工具箱的填充框或描边框中。

选择"窗口 > 颜色 > 色板"命令,弹出"色板"面板,单击面板右上方的≡图标,在弹出的菜单中选择"新建渐变色板"命令,弹出"新建渐变色板"对话框,如图 4-114 所示。

在"渐变曲线"的色带上选中渐变色标,然后拖曳或在右侧的文本框中直接输入数值,即可改变渐变颜色,如图 4-115 所示。单击色带可以添加渐变色标,设置颜色,如图 4-116 所示。在"色板名称"文本框中输入新色板的名称。单击"添加"按钮,可以添加色板并定义另一个色板。定义完成后,单击"确定"按钮,选定的渐变会出现在色板面板及工具箱的填充框或描边框中。

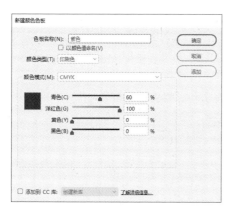

图 4-113

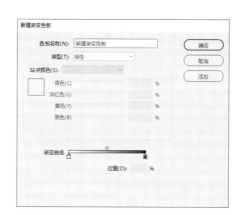

图 4-114

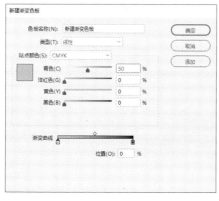

图 4-115

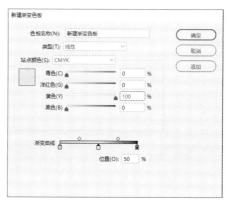

图 4-116

　　选择"窗口 > 颜色 > 颜色"命令，弹出"颜色"面板，拖曳各个颜色滑块或在各个文本框中输入需要的数值，如图 4-117 所示。单击面板右上方的 ≣ 图标，在弹出的菜单中选择"添加到色板"命令，如图 4-118 所示。"色板"面板中将自动生成新的色板，如图 4-119 所示。

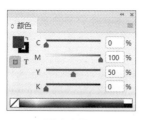

图 4-117

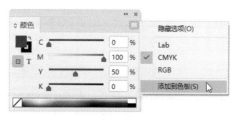

图 4-118

图 4-119

2. 复制色板

　　选取一个色板，如图 4-120 所示，单击面板右上方的 ≣ 图标，在弹出的菜单中选择"复制色板"命令，"色板"面板中将生成色板的副本，如图 4-121 所示。

　　选取一个色板，单击面板下方的"新建色板"按钮 ⊡ 或拖曳色板到"新建色板"按钮 ⊡ 上，均可复制色板。

3. 编辑色板

　　在"色板"面板中选取一个色板，双击该色板，可弹出"色板选项"对话框，在该对话框中进行设置，单击"确定"按钮即可编辑色板。

图 4-120   图 4-121

单击面板右上方的 ≡ 图标，在弹出的菜单中选择"色板选项"命令也可以编辑色板。

4．删除色板

在"色板"面板中选取一个或多个色板，在"色板"面板下方单击"删除选定的色板/组"按钮 🗑 或将色板直接拖曳到"删除选定的色板/组"按钮 🗑 上，可删除色板。

单击面板右上方的 ≡ 图标，在弹出的菜单中选择"删除色板"命令也可以删除色板。

4.1.6 添加色调色板

1．通过"色板"面板添加新的色调色板

在"色板"面板中选取一个色板，如图 4-122 所示，单击"色调"文本框右侧的 ⟩ 按钮，拖曳滑块或在"色调"文本框中输入需要的数值，如图 4-123 所示。单击该面板下方的"新建色板"按钮 ⊞，面板中将生成以基准颜色的名称和色调的百分比为名称的色板，如图 4-124 所示。

图 4-122   图 4-123   图 4-124

在"色板"面板中选取一个色板，单击"色调"文本框右侧的 ⟩ 按钮，拖曳滑块到适当的位置，单击右上方的 ≡ 图标，在弹出的菜单中选择"新建色调色板"命令也可以添加新的色调色板。

2．通过"颜色"面板添加新的色调色板

在"色板"面板中选取一个色板，如图 4-125 所示，在"颜色"面板中拖曳滑块或在右侧的文本框中输入需要的数值，如图 4-126 所示。单击面板右上方的 ≡ 图标，在弹出的菜单中选择"添加到色板"命令，如图 4-127 所示。"色板"面板中将自动生成新的色调色板，如图 4-128 所示。

图 4-125   图 4-126

图 4-127　　　　　　　　　　　　　　图 4-128

4.1.7　在对象之间复制属性

使用"吸管工具" ∥ 可以将一个图形对象的属性（如描边、颜色、透明度等）复制到另一个图形对象上，以便快速、准确地编辑属性相同的图形对象。

选择"选择工具" ▶，选取需要的图形，如图 4-129 所示。选择"吸管工具" ∥，将鼠标指针放在被复制属性的对象上，如图 4-130 所示。单击以吸取对象的属性，选取的图形的属性发生改变，效果如图 4-131 所示。

当使用"吸管工具" ∥ 吸取对象属性后，按住 Alt 键，吸管会转变方向并显示为空吸管，表示可以吸取新的属性。

按住 Alt 键，将鼠标指针放在新的对象上，如图 4-132 所示，单击以吸取新对象的属性。松开鼠标左键和 Alt 键，效果如图 4-133 所示。

图 4-129　　　　　图 4-130　　　　　图 4-131　　　　　图 4-132　　　　　图 4-133

4.2　"效果"面板

在 InDesign 2020 中，使用"效果"面板可以制作出多种不同的特殊效果。下面介绍"效果"面板的使用方法。

4.2.1　课堂案例——制作牛奶草莓广告

案例学习目标

学习使用"效果"面板、"效果"对话框制作牛奶草莓广告。

案例知识要点

使用"置入"命令、"选择工具"裁切图片，使用"矩形工具""直接选择工具""效果"面板、"基本羽化"命令、"渐变羽化"命令制作木盘阴影，使用"投影"命令为图片添加投影效果。牛奶草莓广告效果如图 4-134 所示。

微课

制作牛奶草莓
广告

效果所在位置

图 4-134

云盘 > Ch04 > 效果 > 制作牛奶草莓广告.indd。

（1）选择"文件 > 新建 > 文档"命令，弹出"新建文档"对话框，选项的设置如图 4-135 所示。单击"边距和分栏"按钮，弹出"新建边距和分栏"对话框，选项的设置如图 4-136 所示。单击"确定"按钮，新建一个文档。选择"视图 > 其他 > 隐藏框架边缘"命令，将所绘图形的框架边缘隐藏。

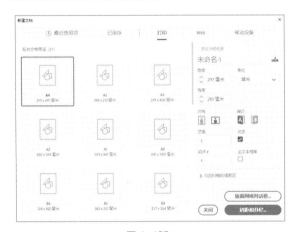

图 4-135

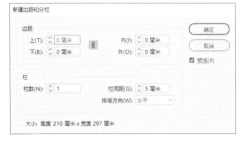

图 4-136

（2）选择"文件 > 置入"命令，弹出"置入"对话框，选择云盘中的"Ch04 > 素材 > 制作牛奶草莓广告 > 01、02"文件，单击"打开"按钮，在页面空白处分别单击以置入图片。选择"自由变换工具"，分别将图片拖曳到适当的位置并调整其大小，效果如图 4-137 所示。选择"选择工具"，选取木盘图片，如图 4-138 所示。

图 4-137

图 4-138

（3）单击控制面板中的"向选定的目标添加对象效果"按钮，在弹出的菜单中选择"投影"命令，弹出"效果"对话框，选项的设置如图 4-139 所示。单击"确定"按钮，效果如图 4-140 所示。

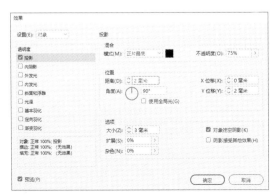

图 4-139

图 4-140

（4）选择"矩形工具"□，在适当的位置拖曳鼠标指针，绘制一个矩形，如图 4-141 所示。选择"直接选择工具"▷，水平向右拖曳左上角的锚点到适当的位置，如图 4-142 所示。用相同的方法调整右上角的锚点到适当的位置，效果如图 4-143 所示。按 Shift+X 组合键，互换填充色和描边色，效果如图 4-144 所示。

图 4-141

图 4-142

图 4-143

图 4-144

（5）选择"选择工具"▶，选择"窗口 > 效果"命令，弹出"效果"面板，将"混合模式"设置为"正片叠底"，"不透明度"设置为 70%，如图 4-145 所示。按 Enter 键，效果如图 4-146 所示。

图 4-145

图 4-146

（6）单击控制面板中的"向选定的目标添加对象效果"按钮 fx.，在弹出的菜单中选择"基本羽化"命令，弹出"效果"对话框，选项的设置如图 4-147 所示。单击"确定"按钮，效果如图 4-148 所示。

图 4-147

图 4-148

（7）单击控制面板中的"向选定的目标添加对象效果"按钮 fx.，在弹出的菜单中选择"渐变羽化"命令，弹出"效果"对话框，选项的设置如图 4-149 所示。单击"确定"按钮，效果如图 4-150 所示。

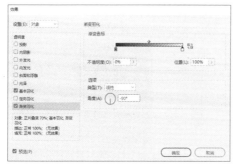
图 4-149

图 4-150

（8）按 Ctrl+[组合键，将图形后移一层，效果如图 4-151 所示。取消图形的选取状态，选择"文件 > 置入"命令，弹出"置入"对话框，选择云盘中的"Ch04 > 素材 > 制作牛奶草莓广告 > 03 ~ 05"文件，单击"打开"按钮，在页面空白处分别单击以置入图片。选择"自由变换工具" 📐，分别将图片拖曳到适当的位置并调整其大小，使用"选择工具" ▶ 裁切图片，效果如图 4-152 所示。

图 4-151

图 4-152

（9）选取草莓图片，单击控制面板中的"向选定的目标添加对象效果"按钮 fx，在弹出的菜单中选择"投影"命令，弹出"效果"对话框，选项的设置如图 4-153 所示。单击"确定"按钮，效果如图 4-154 所示。

图 4-153

图 4-154

（10）选取按钮图片，单击控制面板中的"向选定的目标添加对象效果"按钮 fx，在弹出的菜单中选择"投影"命令，弹出"效果"对话框，选项的设置如图 4-155 所示。单击"确定"按钮，效果如图 4-156 所示。

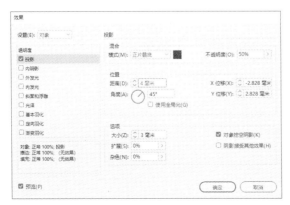

图 4-155

图 4-156

（11）按 Ctrl+O 组合键，弹出"打开文件"对话框，选择云盘中的"Ch04 > 素材 > 制作牛奶草莓广告 > 06"文件，单击"打开"按钮，打开文件。按 Ctrl+A 组合键，全选文字。按 Ctrl+C 组合键，复制选取的文字。返回到正在编辑的页面，按 Ctrl+V 组合键，将其粘贴到页面中。选择"选择工具" ，拖曳复制得到的文字到适当的位置，效果如图 4-157 所示。

（12）在页面空白处单击，取消文字的选取状态，牛奶草莓广告制作完成，效果如图 4-158 所示。

图 4-157

图 4-158

4.2.2 透明度

使用"选择工具" 选取需要的图形对象，如图 4-159 所示。选择"窗口 > 效果"命令，或按 Ctrl+Shift+F10 组合键，弹出"效果"面板，在"不透明度"选项中拖曳滑块或在文本框中输入需要的数值，"组：正常"选项的右侧将自动显示设置的数值，如图 4-160 所示。图形对象的不透明度效果如图 4-161 所示。

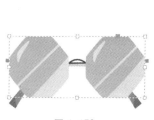

图 4-159

图 4-160

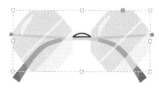

图 4-161

选取需要的图形对象，如图 4-162 所示。在"效果"面板中，单击"描边：正常 100%"选项，在"不透明度"选项中拖曳滑块或在文本框中输入需要的数值，"描边：正常"选项右侧将自动显示设置的数值，如图 4-163 所示。图形对象描边的不透明度效果如图 4-164 所示。

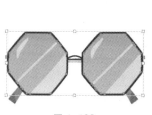

图 4-162

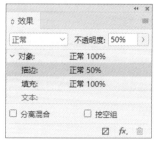

图 4-163

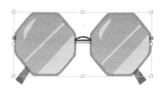

图 4-164

单击"填充：正常 100%"选项，在"不透明度"选项中拖曳滑块或在文本框中输入需要的数值，"填充：正常"选项右侧将自动显示设置的数值，如图 4-165 所示。图形对象填充的不透明度效果如图 4-166 所示。

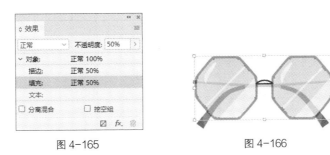

图 4-165   图 4-166

4.2.3　混合模式

使用混合模式可以在两个重叠对象间混合颜色，更改上层对象与下层对象间颜色的混合方式。使用混合模式制作出的效果如图 4-167 所示。

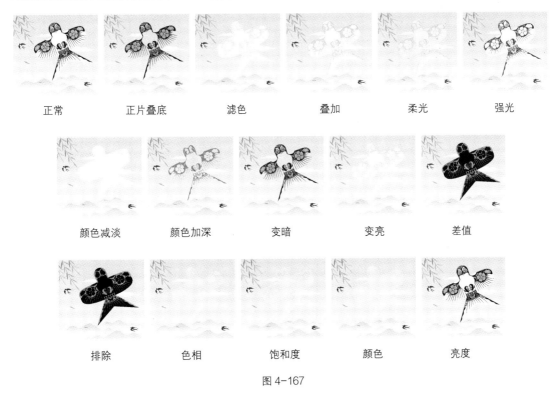

图 4-167

4.2.4　特殊效果

特殊效果用于向选定的目标添加特殊的对象效果，使图形对象产生变化。单击"效果"面板下方的"向选定的目标添加对象效果"按钮 *fx.* ，在弹出的菜单中选择需要的命令，如图 4-168 所示，为对象添加不同的效果，如图 4-169 所示。

图 4-168

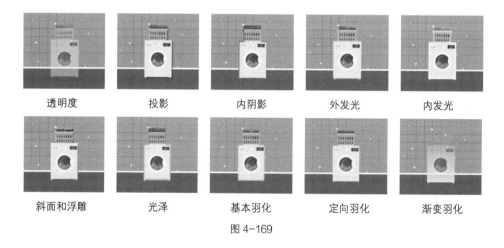

| 透明度 | 投影 | 内阴影 | 外发光 | 内发光 |

| 斜面和浮雕 | 光泽 | 基本羽化 | 定向羽化 | 渐变羽化 |

图 4-169

4.2.5 清除效果

选取应用效果的图形，在"效果"面板中单击"清除所有效果并使对象变为不透明"按钮，清除对象应用的效果。选择"对象 > 效果 > 清除效果"命令或单击"效果"面板右上方的图标，在弹出的菜单中选择"清除效果"命令，可以清除图形对象的特殊效果；选择"清除全部透明度"命令，可以清除图形对象应用的所有效果。

课堂练习——绘制音乐图标

练习知识要点

使用"矩形工具""角选项"命令绘制圆角背景，使用"椭圆工具""缩放"命令、"路径查找器"

面板、"投影"命令、"斜面和浮雕"命令绘制圆环，使用"矩形工具"、"椭圆工具"、"直接选择工具"、"添加锚点工具"、"角选项"命令、"内阴影"命令、"斜面和浮雕"命令和"贴入内部"命令绘制话筒，使用"钢笔工具"、"内阴影"命令绘制音符，使用"矩形工具"、"旋转角度"选项、"渐变羽化"命令绘制投影。音乐图标效果如图 4-170 所示。

微课

绘制音乐图标

图 4-170

效果所在位置

云盘 > Ch04 > 效果 > 绘制音乐图标.indd。

课后习题——绘制端午节插画

习题知识要点

使用"打开"命令打开素材文件，使用"钢笔工具""渐变色板工具""描边"面板和"颜色"面板绘制小船和粽子。端午节插画效果如图 4-171 所示。

微课

绘制端午节插画

图 4-171

效果所在位置

云盘 > Ch04 > 效果 > 绘制端午节插画.indd。

05

第 5 章
编辑文本

　　InDesign 2020 具有强大的编辑和处理文本功能。通过本章的学习，读者可以了解并掌握应用 InDesign 2020 处理文本的方法和技巧，为在排版工作中快速处理文本打下良好的基础。

学习目标

- ✔ 掌握文本及文本框的编辑方法。
- ✔ 掌握文本效果的使用技巧。

技能目标

- ✔ 掌握家具画册内页的制作方法。
- ✔ 掌握刺绣卡片的制作方法。

素养目标

- ✔ 加强文字功底。
- ✔ 加深对中华优秀传统文化的热爱。

5.1 编辑文本及文本框

在 InDesign 2020 中，所有的文本都位于文本框内，通过编辑文本及文本框可以快捷地进行排版操作。下面介绍编辑文本及文本框的方法和技巧。

5.1.1 课堂案例——制作家具画册内页

案例学习目标

学习使用"文字工具"、串接文本框添加并编辑文字。

案例知识要点

使用"置入"命令置入图片，使用"文字工具"、串接文本框创建并输入需要的文字，使用"段落"面板设置首行左缩进。家具画册内页效果如图 5-1 所示。

效果所在位置

图 5-1

云盘 > Ch05 > 效果 > 制作家具画册内页.indd。

（1）选择"文件 > 新建 > 文档"命令，弹出"新建文档"对话框，选项的设置如图 5-2 所示。单击"边距和分栏"按钮，弹出"新建边距和分栏"对话框，选项的设置如图 5-3 所示。单击"确定"按钮，新建一个文档。选择"视图 > 其他 > 隐藏框架边缘"命令，将所绘图形的框架边缘隐藏。

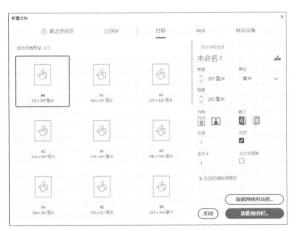

图 5-2

图 5-3

（2）选择"文件 > 置入"命令，弹出"置入"对话框，选择云盘中的"Ch05 > 素材 > 制作家具画册内页 > 01"文件，单击"打开"按钮，在页面空白处单击以置入图片。选择"自由变换工具"，将图片拖曳到适当的位置并调整其大小，使用"选择工具" ▶ 裁切图片，效果如图 5-4 所示。

（3）选择"矩形工具" □，在适当的位置拖曳鼠标指针，分别绘制矩形，如图 5-5 所示。选择

"选择工具" ▶，将所绘制的矩形同时选取，设置填充色的 CMYK 值为 26、47、70、0。填充图形，并设置描边色为无，效果如图 5-6 所示。

（4）选择"选择工具" ▶，在上方标尺处向下拖曳出一条水平参考线，在控制面板中将"Y"设置为 156 毫米，如图 5-7 所示。按 Enter 键确认操作，效果如图 5-8 所示。

图 5-4

图 5-5

图 5-6

图 5-7

图 5-8

（5）按 Ctrl+O 组合键，弹出"打开文件"对话框，选择云盘中的"Ch05 > 素材 > 制作家具画册内页 > 02"文件，单击"打开"按钮，打开文件。按 Ctrl+A 组合键，全选图形。按 Ctrl+C 组合键，复制选取的图形。返回到正在编辑的页面，按 Ctrl+V 组合键，将其粘贴到页面中。选择"选择工具" ▶，拖曳复制得到的图形到适当的位置，效果如图 5-9 所示。

（6）选取并复制记事本文档中需要的文字。返回到正在编辑的页面，选择"文字工具" T，在适当的位置拖曳出一个文本框，将复制的文字粘贴到文本框中。将输入的文字选取，在控制面板中选择合适的字体并设置文字大小，效果如图 5-10 所示。选取文字"新中式"，在控制面板中选择合适的字体，取消文字的选取状态，效果如图 5-11 所示。

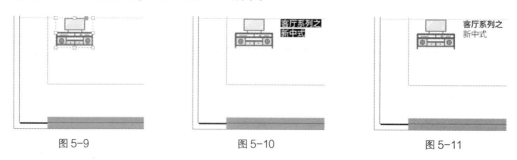

图 5-9   图 5-10   图 5-11

（7）选取并复制记事本文档中需要的文字。返回到正在编辑的页面，选择"文字工具" T，在适当的位置拖曳出一个文本框，将复制的文字粘贴到文本框中。将输入的文字选取，在控制面板中选择合适的字体并设置文字大小，效果如图 5-12 所示。在控制面板中将"行距"设置为 11 点，按 Enter 键，效果如图 5-13 所示。

图 5-12

图 5-13

（8）保持文字的选取状态。按 Ctrl+Alt+T 组合键，弹出"段落"面板，选项的设置如图 5-14 所示。按 Enter 键，效果如图 5-15 所示。

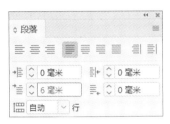
图 5-14

图 5-15

（9）使用"选择工具" ▶ 选取文字，单击文本框的出口，如图 5-16 所示，当鼠标指针变为载入文本图标 时，将其移动到适当的位置，如图 5-17 所示，拖曳鼠标指针，文本将自动排入文本框，效果如图 5-18 所示。在页面空白处单击，取消文字的选取状态，家具画册内页制作完成，效果如图 5-19 所示。

图 5-16

图 5-17

图 5-18

图 5-19

5.1.2 使用文本框

1. 创建文本框

选择"文字工具" T ，在页面中拖曳出一个文本框，如图 5-20 所示。松开鼠标左键，文本框中会出现光标，如图 5-21 所示。在拖曳时按住 Shift 键，可以拖曳出一个正方形的文本框，如图 5-22 所示。

图 5-20   图 5-21   图 5-22

2. 移动和缩放文本框

使用"选择工具" ▶ 可直接拖曳文本框至需要的位置。

选择"文字工具" T ，按住 Ctrl 键的同时，将鼠标指针置于已有的文本框中，鼠标指针变为▶形状，如图 5-23 所示。拖曳文本框至适当的位置，如图 5-24 所示。松开鼠标左键和 Ctrl 键，被移动的文本框处于选取状态，如图 5-25 所示。

图 5-23   图 5-24   图 5-25

在文本框中编辑文本时，也可按住 Ctrl 键移动文本框。用这个方法移动文本框可以不用切换工具，也不会丢失当前的光标或选中的文本。

使用"选择工具" ▶ 选取需要的文本框，拖曳文本框上的控制点，可缩放文本框。

选择"文字工具" T ，按住 Ctrl 键，将鼠标指针置于要缩放的文本上，将自动显示该文本的文本框，如图 5-26 所示。拖曳文本框上的控制点到适当的位置，如图 5-27 所示，可以缩放文本框，效果如图 5-28 所示。

图 5-26   图 5-27   图 5-28

5.1.3 添加文本

1. 输入文本

选择"文字工具" T ，在页面中适当的位置拖曳鼠标指针以创建文本框，松开鼠标左键，文本框中会出现光标，此时可直接输入文本。

选择"选择工具"  或"直接选择工具" ，在已有的文本框内双击，文本框中会出现光标，此时可直接输入文本。

2. 粘贴文本

可以从 InDesign 文档或其他应用程序中粘贴文本。当从其他应用程序中粘贴文本时，选择"编辑 > 首选项 > 剪贴板处理"命令，在弹出的对话框中设置选项，决定 InDesign 是否保留原来的格式，以及是否将用于文本格式的任意样式都添加到"段落样式"面板中。

3. 置入文本

选择"文件 > 置入"命令，弹出"置入"对话框，在该对话框中选择要置入的文件所在的位置并单击文件名，如图 5-29 所示。单击"打开"按钮，在适当的位置拖曳鼠标指针以置入文本，效果如图 5-30 所示。

在"置入"对话框中，各复选框的功能介绍如下。

勾选"显示导入选项"复选框，将显示出包含所置入文件类型的"导入选项"对话框。单击"打开"按钮，弹出"导入选项"对话框，设置好需要的选项后，单击"确定"按钮，即可置入文本。

勾选"替换所选项目"复选框，置入的文本将替换当前所选文本框中的内容。单击"打开"按钮，可置入替换所有项目的文本。

勾选"应用网格格式"复选框，置入的文本将自动嵌套在网格中。单击"打开"按钮，可置入嵌套在网格中的文本。

勾选"创建静态题注"复选框，置入图片时会自动生成题注。

如果没有指定接收文本框，鼠标指针会变为载入文本图标 ，单击或拖动可置入文本。

图 5-29

图 5-30

4. 使文本框适合文本

使用"选择工具" 选取需要的文本框，如图 5-31 所示。选择"对象 > 适合 > 使框架适合内容"命令，可以使文本框适合文本，效果如图 5-32 所示。

如果文本框中有过剩文本，可以执行"使框架适合内容"命令自动扩展文本框来适应文本内容。如果文本框是串接文本框的一部分，便不能使用此命令来扩展文本框。

图 5-31 　　　　　　图 5-32

5.1.4　串接文本框

文本框中的文字可以独立于其他的文本框，或是在相连接的文本框中流动。相连接的文本框可以在同一个页面或跨页，也可以在不同的页面。文本串接是指在文本框之间连接文本的过程。

选择"视图 > 其他 > 显示文本串接"命令，使用"选择工具" ▶ 选取任意文本框，显示文本串接，如图 5-33 所示。

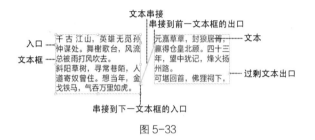

图 5-33

1. 创建串接文本框

使用"选择工具" ▶ 选取需要的文本框，如图 5-34 所示。单击文本框的出口以调出载入文本图标，在文档中适当的位置拖曳出新的文本框，如图 5-35 所示。松开鼠标左键，创建串接文本框，过剩文本将自动流入新创建的文本框中，效果如图 5-36 所示。

| 图 5-34 | 图 5-35 | 图 5-36 |

选择"选择工具" ▶ ，将鼠标指针置于要创建串接文本框的出口处，如图 5-37 所示。单击以调出载入文本图标，将其置于要连接的文本框之上，载入文本图标变为串接图标，如图 5-38 所示。单击以串接两个文本框，效果如图 5-39 所示。

| 图 5-37 | 图 5-38 | 图 5-39 |

2. 取消文本框串接

选择"选择工具" ▶ ，单击一个与其他文本框串接的文本框的出口，如图 5-40 所示，出现载入文本图标后，将其置于文本框内，使其显示为解除串接图标，如图 5-41 所示。单击该文本框，取消文本框之间的串接，效果如图 5-42 所示。

图 5-40

图 5-41

图 5-42

使用"选择工具" ▶ 选取一个串接文本框，双击该文本框的出口，可取消文本框之间的串接。

3. 手动或自动排列文本

在置入文本或是单击文本框的出/入口后，鼠标指针变为载入文本图标时，就可以在页面上排列文本了。当载入文本图标位于辅助线或网格的捕捉点时，鼠标指针将变为形状。

使用"选择工具" ▶ 单击文本框的出口，鼠标指针将变为载入文本图标，将其拖曳到适当的位置，如图 5-43 所示。单击创建一个与栏等宽的文本框，文本将自动排入文本框，效果如图 5-44 所示。

图 5-43

图 5-44

使用"选择工具" ▶ 单击文本框的出口，如图 5-45 所示，鼠标指针会变为载入文本图标，按住 Alt 键，鼠标指针会变为半自动排列文本图标，拖曳到适当的位置，如图 5-46 所示。单击创建一个与栏等宽的文本框，文本将自动排入文本框，如图 5-47 所示。不松开 Alt 键，继续在适当的位置单击，可置入过剩的文本，效果如图 5-48 所示。松开 Alt 键后，鼠标指针会自动变为载入文本图标。

图 5-45

图 5-46

图 5-47

图 5-48

使用"选择工具" ▶ 单击文本框的出口，鼠标指针会变为载入文本图标 ⬚⬚，按住 Shift 键的同时，鼠标指针会变为自动排列文本图符 ⬚⬚，将其拖曳到适当的位置，如图 5-49 所示，单击将自动创建与栏等宽的多个文本框，效果如图 5-50 所示。若文本超出文档页面，将自动新建文档页面，直到所有的文本都排入文档。

图 5-49

图 5-50

单击自动进行排列文本时，鼠标指针变为载入文本图标后，按住 Shift+Alt 组合键，鼠标指针会变为固定页面自动排列文本图标。在页面中单击排列文本时，所有文本都自动排列到当前页面中，但不添加页面，任何剩余的文本都将成为溢流文本。

5.1.5 设置文本框属性

使用"选择工具" ▶ 选取一个文本框，如图 5-51 所示。选择"对象 > 文本框架选项"命令，弹出"文本框架选项"对话框，设置需要的数值，如图 5-52 所示。单击"确定"按钮，可改变文本框属性，效果如图 5-53 所示。

图 5-51

图 5-52

图 5-53

"列数"选项组用于设置固定数字、固定宽度和弹性宽度，其中"栏数""栏间距""宽度""最大值"选项分别用于设置文本框的分栏数、栏间距、栏宽和宽度最大值。

"平衡栏"复选框：勾选此复选框，可以使分栏后文本框中的文本保持平衡。

"内边距"选项组：用于设置文本框上、下、左、右边距的偏离值。

"垂直对齐"选项组中的"对齐"选项用于设置文本框与文本的对齐方式，其下拉列表中包括上、居中、下和两端对齐等方式。

5.1.6 编辑文本

1．选取文本

选择"文字工具" T ，在文本框中拖曳鼠标指针，选取需要的文本后，松开鼠标左键。

选择"文字工具" T ，在文本框中单击插入光标，双击可选取在任意标点符号间的文字，如图 5-54 所示；三击可选取一行文字，如图 5-55 所示；四击可选取整个段落，如图 5-56 所示；五击可选取整个文章，如图 5-57 所示。

图 5-54　　　　　　　　　　图 5-55　　　　　　　　　　图 5-56

选择"文字工具" T ，在文本框中单击插入光标，选择"编辑 > 全选"命令，可选取文章中的所有文本。

选择"文字工具" T ，在文档窗口或是粘贴板的空白区域单击，可取消文本的选取状态。

选择"选择工具" ▶ 或选择"编辑 > 全部取消选择"命令，可取消文本的选取状态。

2．插入字形

选择"文字工具" T ，在文本框中单击插入光标，如图 5-58 所示。选择"文字 > 字形"命令或按 Alt+Shift+F11 组合键，弹出"字形"面板。在该面板下方设置需要的字体和字体风格，选取需要的字形，如图 5-59 所示。双击字形图标在文本中插入字形，效果如图 5-60 所示。

图 5-57

图 5-58

图 5-59　　　　　　　　　　图 5-60

5.1.7 随文框

1. 创建随文框

使用"选择工具" ▶ ，选取需要的图片，如图 5-61 所示，按 Ctrl+X 组合键剪切图形。选择"文字工具" T ，在文本框中单击插入光标，如图 5-62 所示。按 Ctrl+V 组合键，创建随文框，效果如图 5-63 所示。

选择"文字工具" T ，在文本框中单击插入光标，如图 5-64 所示。选择"文件 > 置入"命令，在弹出的对话框中选取要导入的图形文件，单击"打开"按钮，创建随文框，效果如图 5-65 所示。

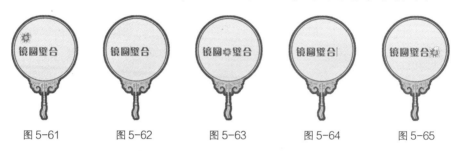

图 5-61　　　　图 5-62　　　　图 5-63　　　　图 5-64　　　　图 5-65

2. 移动随文框

选择"文字工具" T ，选取需要移动的随文框，如图 5-66 所示。在控制面板中的"基线偏移"数值框中输入需要的数值，如图 5-67 所示。取消选取状态，随文框的移动效果如图 5-68 所示。

图 5-66　　　　　　　图 5-67　　　　　　　图 5-68

选择"文字工具" T ，选取需要移动的随文框，如图 5-69 所示。在控制面板中的"字符间距"数值框中输入需要的数值，如图 5-70 所示。取消选取状态，随文框的移动效果如图 5-71 所示。

图 5-69　　　　　　　图 5-70　　　　　　　图 5-71

使用"选择工具" ▶ 或"直接选择工具" ▷ 选取随文框，沿着与基线垂直的方向向上（或向下）拖曳，可移动随文框。但不能沿水平方向拖曳随文框，也不能将框底拖曳至基线以上或是将框顶拖曳至基线以下。

3. 清除随文框

使用"选择工具" ▶ 或"直接选择工具" ▷ 选取随文框，选择"编辑 > 清除"命令或按 Delete

键、Backspace 键，即可清除随文框。

5.2 文本效果

InDesign 2020 中提供了多种方法用于制作文本效果。下面介绍制作文本效果的方法和技巧，包括文本绕排、路径文字和从文本创建路径等内容。

5.2.1 课堂案例——制作刺绣卡片

案例学习目标

学习使用"文字工具""路径文字工具""文本绕排"面板制作刺绣卡片。

案例知识要点

使用"置入"命令置入图片，使用"椭圆工具""路径文字工具"制作路径文字，使用"文本绕排"面板制作图文绕排效果。刺绣卡片效果如图 5-72 所示。

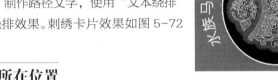

图 5-72

效果所在位置

云盘 > Ch05 > 效果 > 制作刺绣卡片.indd。

（1）选择"文件 > 新建 > 文档"命令，弹出"新建文档"对话框，选项的设置如图 5-73 所示。单击"边距和分栏"按钮，弹出"新建边距和分栏"对话框，选项的设置如图 5-74 所示，单击"确定"按钮，新建一个文档。选择"视图 > 其他 > 隐藏框架边缘"命令，将所绘图形的框架边缘隐藏。

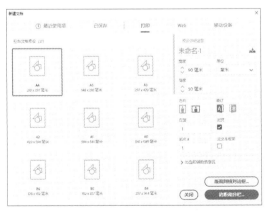

图 5-73

图 5-74

（2）选择"文件 > 置入"命令，弹出"置入"对话框，选择云盘中的"Ch05 > 素材 > 制作刺绣卡片 > 01"文件，单击"打开"按钮，在页面空白处单击以置入图片。选择"自由变换工具"，将图片拖曳到适当的位置，效果如图 5-75 所示。

（3）选择"椭圆工具" ⬭ ，按住 Shift 键的同时，在适当的位置拖曳鼠标指针，绘制一个圆形，填充图形为黑色，并设置描边色为白色，效果如图 5-76 所示。

（4）选择"窗口 > 描边"命令，弹出"描边"面板，单击"描边居外"按钮 ⬛ ，其他选项的设置如图 5-77 所示。按 Enter 键，效果如图 5-78 所示。

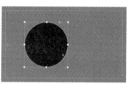

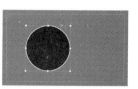

图 5-75   图 5-76   图 5-77   图 5-78

（5）取消图形的选取状态。选择"文件 > 置入"命令，弹出"置入"对话框，选择云盘中的"Ch05 > 素材 > 制作刺绣卡片 > 02"文件，单击"打开"按钮，在页面空白处单击以置入图片。选择"自由变换工具" ⬚ ，将图片拖曳到适当的位置并调整其大小，效果如图 5-79 所示。使用"选择工具" ▶ 选取下方圆形，如图 5-80 所示。

（6）选择"对象 > 变换 > 缩放"命令，弹出"缩放"对话框，选项的设置如图 5-81 所示，单击"复制"按钮，复制并放大圆形，效果如图 5-82 所示。

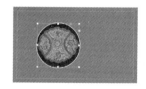

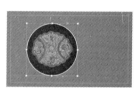

图 5-79   图 5-80   图 5-81   图 5-82

（7）按 Ctrl+Shift+] 组合键，将圆形置于顶层，效果如图 5-83 所示。设置填充色为无，效果如图 5-84 所示。

（8）选择"路径文字工具" ⬚ ，将鼠标指针移动到圆形路径边缘，当鼠标指针变为 ↳ 形状时，如图 5-85 所示，单击以在路径上插入光标，输入需要的文字，如图 5-86 所示。将输入的文字选取，在控制面板中选择合适的字体并设置文字大小，填充文字为白色，效果如图 5-87 所示。使用"选择工具" ▶ 选取路径文字，设置描边色为无，效果如图 5-88 所示。

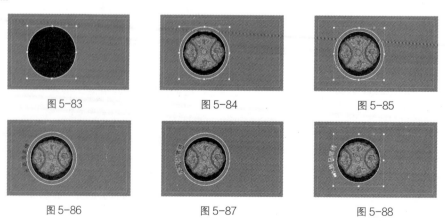

图 5-83   图 5-84   图 5-85

图 5-86   图 5-87   图 5-88

（9）选取并复制记事本文档中需要的文字。返回到正在编辑的页面中，选择"文字工具" T ，在适当的位置拖曳出一个文本框，将复制的文字粘贴到文本框中。将输入的文字选取，在控制面板中选择合适的字体并设置文字大小，效果如图 5-89 所示。在控制面板中将"行距"设置为 10 点，按 Enter 键，填充文字为白色，取消文字的选取状态，效果如图 5-90 所示。

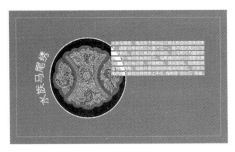 

图 5-89　　　　　　　　　　　　　　　　图 5-90

（10）使用"选择工具" ▶ 选取路径文字。选择"窗口 > 文本绕排"命令，弹出"文本绕排"面板，单击"沿对象形状绕排"按钮 ▤ ，其他选项的设置如图 5-91 所示。按 Enter 键，绕排效果如图 5-92 所示。刺绣卡片制作完成，效果如图 5-93 所示。

 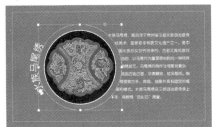 

图 5-91　　　　　　　　　　图 5-92　　　　　　　　　　图 5-93

5.2.2　文本绕排

1．"文本绕排"面板

使用"选择工具" ▶ 选取需要的图片和文本，如图 5-94 所示。选择"窗口 > 文本绕排"命令，弹出"文本绕排"面板，如图 5-95 所示。单击需要的绕排按钮，制作出的文本绕排效果如图 5-96 所示。

图 5-94　　　　　　　　　　　　　　　　图 5-95

在绕排位移数值框中输入正值，绕排边界将远离框架边缘；若输入负值，绕排边界将位于框架边缘内部。

沿定界框绕排

沿对象形状绕排

上下型绕排

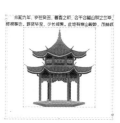
下型绕排

图 5-96

2. 沿对象形状绕排

当单击"沿对象形状绕排"按钮 时，"轮廓选项"将被激活，可对绕排轮廓的"类型"进行选择。这种绕排形式通常针对导入的图形来绕排文本。

使用"选择工具" 选取导入的图片，如图 5-97 所示。在"文本绕排"面板中单击"沿对象形状绕排"按钮 ，在"类型"下拉列表中选择需要的选项，如图 5-98 所示，文本绕排效果如图 5-99 所示。

图 5-97

图 5-98

定界框

检测边缘

Alpha 通道

图形框架　　　　　与剪切路径相同　　　　　用户修改的路径

图 5-99

勾选"包含内边缘"复选框，如图 5-100 所示，使文本显示在导入图形的内边缘，效果如图 5-101
所示。

图 5-100

图 5-101

3．反转文本绕排

使用"选择工具" ▶ 选取一个绕排对象，如图 5-102 所示。在"文本绕排"面板中，设置需
要的数值，勾选"反转"复选框，如图 5-103 所示，效果如图 5-104 所示。

图 5-102

图 5-103

图 5-104

4．改变文本绕排的形状

使用"直接选择工具" ▷ 选取一个绕排对象，如图 5-105 所示。使用"钢笔工具" ✐ 在路
径上分别添加锚点，按住 Ctrl 键，选取需要的锚点，如图 5-106 所示，将其拖曳至需要的位置，
如图 5-107 所示。用相同的方法将其他需要的锚点拖曳到适当的位置，改变文本绕排的形状，效
果如图 5-108 所示。

图 5-105

图 5-106

图 5-107

图 5-108

提示

InDesign 2020 中提供了多种文本绕排的形式。应用好文本绕排可以使设计制作的作品
更加生动、美观。

5.2.3 路径文字

使用"路径文字工具" 和"垂直路径文字工具" 创建文本时，可以将文本沿着一个开放路径或闭合路径的边缘进行水平或垂直方向上的排列，路径可以是规则或不规则的。路径文字和其他文本框一样有入口和出口，如图 5-109 所示。

1. 创建路径文字

使用"钢笔工具" 绘制一条路径，如图 5-110 所示。选择"路径文字工具" ，将鼠标指针定位于路径上，鼠标指针变为 形状，如图 5-111 所示。在路径上单击插入光标，如图 5-112 所示，输入需要的文本，效果如图 5-113 所示。

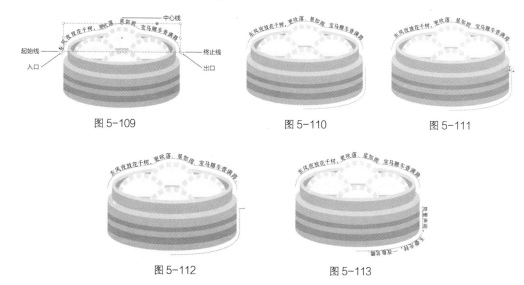

图 5-109　　　　图 5-110　　　　图 5-111

图 5-112　　　　图 5-113

> **提示**　若路径有描边，在添加文字之后会保持描边。要隐藏路径，用"选择工具" 或是"直接选择工具"选取路径，将填充色和描边色都设置为无即可。

2. 编辑路径文字

使用"选择工具" 选取路径文字，如图 5-114 所示。将鼠标指针置于路径文字的起始线处，直到鼠标指针变为 形状，拖曳起始线至需要的位置，如图 5-115 所示。松开鼠标左键，改变路径文字的起始线位置，而终止线位置保持不变，效果如图 5-116 所示。

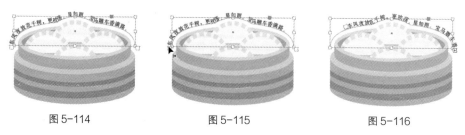

图 5-114　　　　图 5-115　　　　图 5-116

使用"选择工具" 选取路径文字，如图 5-117 所示。选择"文字 > 路径文字 > 选项"命令，弹出"路径文字选项"对话框，如图 5-118 所示。

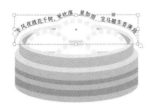

图 5-117   图 5-118

在"效果"下拉列表中选择不同的选项可设置不同的效果，如图 5-119 所示。

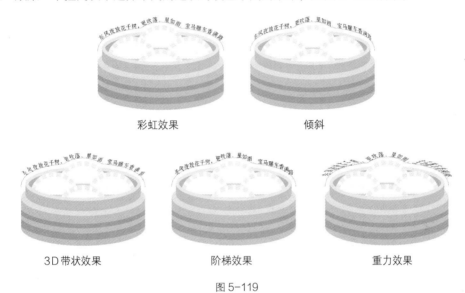

彩虹效果   倾斜

3D 带状效果   阶梯效果   重力效果

图 5-119

保持"效果"选项不变（以"彩虹效果"为例），在"对齐"下拉列表中选择不同的对齐方式，效果如图 5-120 所示。

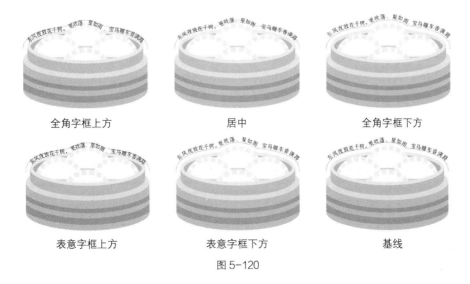

全角字框上方   居中   全角字框下方

表意字框上方   表意字框下方   基线

图 5-120

保持"对齐"选项不变（以"基线"为例），在"到路径"下拉列表中选择不同的对齐参照，效果如图 5-121 所示。

　　　上　　　　　　　　　　下　　　　　　　　　　居中

图 5-121

"间距"选项用于调整字符沿弯曲较大的曲线或锐角散开时的补偿，对于直线上的字符没有作用。"间距"选项可以是正值，也可以是负值。分别设置需要的数值后，效果如图 5-122 所示。

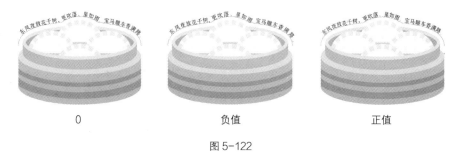

　　　0　　　　　　　　　　负值　　　　　　　　　　正值

图 5-122

使用"选择工具" ▶ 选取路径文字，如图 5-123 所示。将鼠标指针置于路径文字的中心线处，直到鼠标指针变为 ▶₊ 形状，拖曳中心线至内部，如图 5-124 所示。松开鼠标左键，效果如图 5-125 所示。

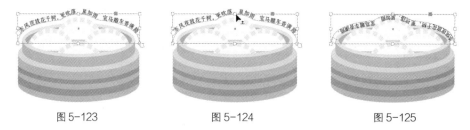

　　图 5-123　　　　　　　　图 5-124　　　　　　　　图 5-125

选择"文字 > 路径文字 > 选项"命令，弹出"路径文字选项"对话框，勾选"翻转"复选框，可将文字翻转。

5.2.4　从文本创建路径

在 InDesign 2020 中，将文本转换为轮廓后，可以像对其他图形对象一样对其进行编辑和操作。通过这种方式，可以创建多种特殊文字效果。

1. 将文本转换为路径

使用"直接选择工具" ▷ 选取需要的文本框，如图 5-126 所示。选择"文字 > 创建轮廓"命令，或按 Ctrl+Shift+O 组合键，文本会转换为路径，效果如图 5-127 所示。

选择"文字工具" T，选取需要的一个或多个字符，如图 5-128 所示。选择"文字 > 创建轮廓"

命令，或按 Ctrl+Shift+O 组合键，字符会转换为路径。使用"直接选择工具" ▷ 选取转换后的文字，效果如图 5-129 所示。

图 5-126   图 5-127   图 5-128   图 5-129

2. 创建文本外框

使用"直接选择工具" ▷ 选取转换后的文字，如图 5-130 所示。拖曳需要的锚点到适当的位置，如图 5-131 所示，可创建不规则的文本外框。

使用"选择工具" ▶ 选取一张置入的图片，如图 5-132 所示，按 Ctrl+X 组合键，将其剪切。使用"选择工具" ▶ 选取转换为轮廓的文字，如图 5-133 所示。选择"编辑 > 贴入内部"命令，将图片贴入转换后的文字，效果如图 5-134 所示。

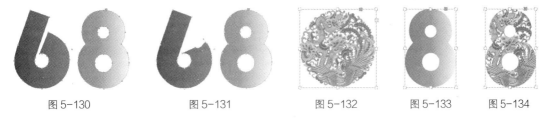

图 5-130   图 5-131   图 5-132   图 5-133   图 5-134

使用"选择工具" ▶ 选取转换为轮廓的文字，如图 5-135 所示。选择"文字工具" T，将鼠标指针置于路径内部，单击插入光标，如图 5-136 所示，输入需要的文字，效果如图 5-137 所示。取消填充后的效果如图 5-138 所示。

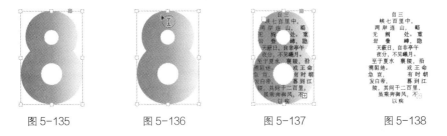

图 5-135   图 5-136   图 5-137   图 5-138

课堂练习——制作糕点宣传单

🔗 练习知识要点

使用"置入"命令置入图片，使用"矩形工具""角选项"命令制作反向圆角效果，使用"文字工具"创建文本框并输入需要的文字，使用"字符"面板编辑文字。糕点宣传单效果如图 5-139 所示。

微课

制作糕点宣传单

图 5-139

效果所在位置

云盘 > Ch05 > 效果 > 制作糕点宣传单.indd。

课后习题——制作糕点宣传单内页

习题知识要点

使用"置入"命令和"选择工具"置入并裁切图片，使用"矩形工具""角选项"命令和"文字工具"制作标题文字，使用"文本绕排"面板制作图文绕排效果，使用"钢笔工具""路径文字工具"制作路径文字。宣传单内页效果如图 5-140 所示。

微课

制作糕点宣传单
内页

图 5-140

效果所在位置

云盘 > Ch05 > 效果 > 制作糕点宣传单内页.indd。

第 6 章
处理图像

InDesign 2020 支持多种图像格式，可以很方便地与多种应用程序协同工作，并通过"链接"面板来管理图像文件。通过本章的学习，读者可以了解并掌握图像的导入方法，熟练应用"链接"面板。

学习目标

- ✔ 掌握置入图像的方法。
- ✔ 了解管理链接文件和嵌入图像的技巧。

技能目标

- ✔ 掌握茶叶广告的制作方法。

素养目标

- ✔ 培养商业创意思维。
- ✔ 提高图像审美水平。

6.1 置入图像

在 InDesign 2020 中，可以通过"置入"命令将图像导入 InDesign 的页面中，再通过编辑命令对导入的图像进行处理。

微课

制作茶叶广告

6.1.1 课堂案例——制作茶叶广告

案例学习目标

学习使用"置入"命令添加素材图片。

案例知识要点

使用"置入"命令、"选择工具"和"效果"面板制作广告背景，使用"文字工具""字符"面板添加宣传文字。茶叶广告效果如图 6-1 所示。

效果所在位置

云盘 > Ch06 > 效果 > 制作茶叶广告.indd。

（1）选择"文件 > 新建 > 文档"命令，弹出"新建文档"对话框，选项的设置如图 6-2 所示。单击"边距和分栏"按钮，弹出"新建边距和分栏"对话框，选项的设置如图 6-3 所示，单击"确定"按钮，新建一个文档。选择"视图 > 其他 > 隐藏框架边缘"命令，将所绘图形的框架边缘隐藏。

图 6-1

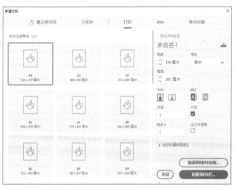

图 6-2

图 6-3

（2）选择"文件 > 置入"命令，弹出"置入"对话框，选择云盘中的"Ch06 > 素材 > 制作茶叶广告 > 01"文件，单击"打开"按钮，在页面空白处单击以置入图片。选择"自由变换工具"，将图片拖曳到适当的位置并调整其大小，效果如图 6-4 所示。

（3）保持图片处于选取状态。使用"选择工具"选中上边限位框中间的控制点，并将其向下拖曳到适当的位置，裁切图片，效果如图 6-5 所示。使用相同的方法对其他三边进行裁切，效果如图 6-6 所示。

图 6-4　　　　　　　　　　图 6-5　　　　　　　　　　图 6-6

（4）取消图片的选取状态。选择"文件 ＞ 置入"命令，弹出"置入"对话框，选择云盘中的"Ch06 ＞ 素材 ＞ 制作茶叶广告 ＞ 02、03"文件，单击"打开"按钮，在页面空白处分别单击以置入图片。选择"自由变换工具"，分别将图片拖曳到适当的位置并调整其大小，效果如图 6-7 所示。

（5）使用"选择工具"选取上方需要的图片，选择"窗口 ＞ 效果"命令，弹出"效果"面板，将"混合模式"设置为"正片叠底"，如图 6-8 所示。按 Enter 键，效果如图 6-9 所示。

图 6-7　　　　　　　　　　图 6-8　　　　　　　　　　图 6-9

（6）选择"直排文字工具"，在适当的位置拖曳出一个文本框，输入需要的文字并选取文字。在控制面板中选择合适的字体并设置文字大小，效果如图 6-10 所示。

（7）选择"椭圆工具"，按住 Shift 键的同时，在适当的位置拖曳鼠标指针，绘制一个圆形，设置填充色的 CMYK 值为 0、100、100、30，填充图形，并设置描边色为无，效果如图 6-11 所示。

（8）选择"选择工具"，按住 Alt+Shift 组合键的同时，垂直向下拖曳圆形到适当的位置，复制圆形，效果如图 6-12 所示。

图 6-10　　　　　　　　　　图 6-11　　　　　　　　　　图 6-12

（9）选择"直排文字工具"在适当的位置拖曳出一个文本框，输入需要的文字并选取文字。在控制面板中选择合适的字体并设置文字大小，填充文字为白色，效果如图 6-13 所示。

（10）按 Ctrl+T 组合键，弹出"字符"面板，将"字符间距"设置为 370，如图 6-14 所示。按 Enter 键，取消文字的选取状态，效果如图 6-15 所示。

图 6-13

图 6-14

图 6-15

（11）选择"直排文字工具" ↓T，在适当的位置拖曳出一个文本框，输入需要的文字并选取文字。在控制面板中选择合适的字体并设置文字大小，效果如图 6-16 所示。在控制面板中将"行距"设置为 18 点，按 Enter 键，效果如图 6-17 所示。

（12）选择"钢笔工具" ，在适当的位置拖曳鼠标指针，绘制一个闭合路径。选择"选择工具" ，设置填充色的 CMYK 值为 0、100、100、30，填充图形，并设置描边色为无，效果如图 6-18 所示。

图 6-16

图 6-17

图 6-18

（13）选择"直排文字工具" ↓T，在适当的位置拖曳出一个文本框，输入需要的文字并选取文字。在控制面板中选择合适的字体并设置文字大小，填充文字为白色，效果如图 6-19 所示。选择"选择工具" ，选择"文字 > 创建轮廓"命令，将文本转换为路径，效果如图 6-20 所示。

图 6-19

图 6-20

（14）按住 Shift 键的同时，单击下方红色图形将其同时选取，如图 6-21 所示。选择"窗口 > 对象和版面 > 路径查找器"命令，弹出"路径查找器"面板，单击"减去"按钮 ，如图 6-22 所示，生成新对象，效果如图 6-23 所示。

图 6-21

图 6-22

图 6-23

（15）选择"文字工具" T ，在适当的位置拖曳出一个文本框，输入需要的文字并选取文字。在控制面板中选择合适的字体并设置文字大小，效果如图 6-24 所示。在页面空白处单击，取消文字的选取状态，茶叶广告制作完成，效果如图 6-25 所示。

图 6-24

图 6-25

6.1.2 关于位图和矢量图

在计算机中，大致可以应用两种图像：位图和矢量图。位图效果如图 6-26 所示，矢量图效果如图 6-27 所示。

图 6-26

图 6-27

位图又称为点阵图，是由许多点组成的，这些点称为像素。许多不同色彩的像素组合在一起便构成了一幅图像。由于位图采取了点阵的方式，使每个像素都能够记录图像的色彩信息，因而可以精确地表现色彩丰富的图像。但图像的色彩越丰富，图像的像素就越多（即分辨率越高），文件也就越大，因此处理位图时，对计算机硬盘和内存的要求也较高。同时，由于位图本身的特点，图像在缩放和旋转变形时会产生失真的现象。

矢量图是相对位图而言的，也称为向量图，它是以数学的矢量方式来记录图像内容的。矢量图中的图形元素称为对象，每个对象都是独立的，具有各自的属性（如颜色、形状、轮廓、大小和位置等）。矢量图在缩放时不会产生失真的现象，并且它的文件占用的内存空间较小。矢量图的缺点是不易制作色彩丰富的图像，无法像位图那样精确地描绘各种绚丽的色彩。

6.1.3 置入图像的方法

"置入"命令是将图像导入 InDesign 中的主要方法，因为它可以在分辨率、文件格式、多页面 PDF 和颜色方面提供最高级别的支持。如果对所创建文档中的这些特性并不十分注重，则可以通过复制和粘贴操作将图像导入 InDesign 中。

1. 置入图像

在页面区域中不选取任何内容，如图 6-28 所示。选择"文件 > 置入"命令，弹出"置入"对话框，在弹出的对话框中选择需要的文件，如图 6-29 所示，单击"打开"按钮，在页面中单击以置入图像，效果如图 6-30 所示。

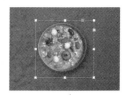

图 6-28   图 6-29   图 6-30

使用"选择工具" ▶ 在页面区域中选取限位框，如图 6-31 所示。选择"文件 > 置入"命令，弹出"置入"对话框，在该对话框中选择需要的文件，如图 6-32 所示，单击"打开"按钮，在限位框中单击以置入图像，效果如图 6-33 所示。

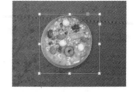

图 6-31   图 6-32   图 6-33

使用"选择工具" ▶ 在页面区域中选取图像，如图 6-34 所示。选择"文件 > 置入"命令，弹出"置入"对话框，在该对话框中选择需要的文件，在对话框下方勾选"替换所选项目"复选框，如图 6-35 所示，单击"打开"按钮，在页面中单击以置入图像，效果如图 6-36 所示。

图 6-34   图 6-35   图 6-36

2. 复制和粘贴图像

在 InDesign 或其他应用程序中，选取原始望远镜图像，如图 6-37 所示。选择"编辑 > 复制"命令复制图像，切换到 InDesign 文档窗口，选择"编辑 > 粘贴"命令，粘贴图像，效果如图 6-38 所示。

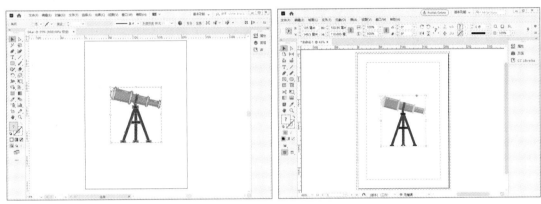

图 6-37   图 6-38

3. 拖放图像

使用"选择工具" ▶ 选取需要的望远镜图像，将其拖曳到打开的 InDesign 文档窗口中，如图 6-39 所示，松开鼠标左键，效果如图 6-40 所示。

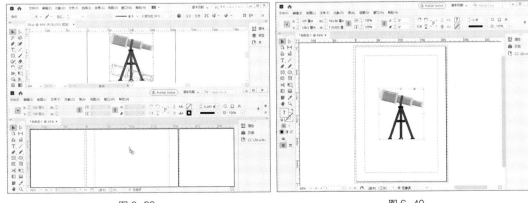

图 6-39   图 6-40

提示 在 Windows 中，如果尝试从不支持拖放操作的应用程序中拖曳项目，鼠标指针将显示"禁止"图标。

6.2 管理链接文件和嵌入图像

在 InDesign 中置入图像有两种形式，即链接图像和嵌入图像。当以链接图像的形式置入一个图像时，它的原始文件并没有真正复制到文档中，而是为原始文件创建一个链接（或称文件路径）。当嵌入图像时，会增加文档的大小并断开指向原始文件的链接。

6.2.1 关于"链接"面板

所有置入的文件都会被列在"链接"面板中。选择"窗口 > 链接"命令，弹出"链接"面板，如图 6-41 所示。

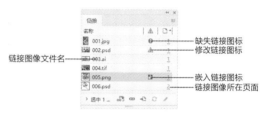

图 6-41

"链接"面板中链接文件显示状态的含义如下。

最新：最新的文件只显示文件名称以及它在文档中所处的页面。

修改：修改的文件会显示 ⚠ 图标。此图标意味着磁盘上的文件版本比文档中的文件版本新。

缺失：丢失的文件会显示 ❓ 图标。此图标表示图像不再位于导入时的位置，但仍存在于某个地方。如果在显示此图标的状态下打印或导出文档，则可能无法以全分辨率打印或导出。

嵌入：嵌入的文件会显示 🔒 图标。嵌入链接文件会导致该链接的管理操作暂停。

6.2.2 使用"链接"面板

1. 选取并将链接的图像调入文档窗口中

在"链接"面板中选取一个链接文件，如图 6-42 所示。单击"转到链接"按钮 🔄，或单击面板右上方的 ≣ 图标，在弹出的菜单中选择"转到链接"命令，如图 6-43 所示。选取并将链接的图像调入活动的文档窗口中，如图 6-44 所示。

图 6-42

图 6-43

图 6-44

2. 在原始应用程序中修改链接文件

在"链接"面板中选取一个链接文件，如图 6-45 所示。单击"编辑原稿"按钮 ![pencil]，或单击面板右上方的 ≡ 图标，在弹出的菜单中选择"编辑原稿"命令，如图 6-46 所示。打开并编辑原始文件，如图 6-47 所示，保存并关闭原始文件，InDesign 中的效果如图 6-48 所示。

图 6-45

图 6-46

图 6-47

图 6-48

6.2.3　将图像嵌入文件

1．嵌入文件

在"链接"面板中选取一个链接文件，如图 6-49 所示。单击面板右上方的 ≡ 图标，在弹出的菜单中选择"嵌入链接"命令，如图 6-50 所示。文件名保留在"链接"面板中，并显示嵌入链接图标 ≡，如图 6-51 所示。

图 6-49

图 6-50

图 6-51

提示

如果置入的位图小于或等于 48KB，InDesign 将自动嵌入图像。

2．解除嵌入

在"链接"面板中选取一个嵌入的链接文件，如图 6-52 所示。单击面板右上方的 ≡ 图标，在弹出的菜单中选择"取消嵌入链接"命令，弹出图 6-53 所示的提示对话框。单击"是"按钮，将其链接至原始文件，面板如图 6-54 所示；单击"否"按钮，将弹出"选择文件夹"对话框，在其中可选取需要的文件。

图 6-52　　　　　　　　　　　图 6-53　　　　　　　　　　　图 6-54

6.2.4　更新、恢复和替换链接文件

1．更新修改过的链接文件

在"链接"面板中选取一个或多个带有修改链接图标 ⚠ 的链接文件，如图 6-55 所示。单击面板下方的"更新链接"按钮 ⟳，或单击面板右上方的 ≡ 图标，在弹出的菜单中选择"更新链接"命令，如图 6-56 所示，更新选取的链接文件，面板如图 6-57 所示。

图 6-55   图 6-56   图 6-57

2. 一次更新所有修改过的链接文件

在"链接"面板中，按住 Ctrl 键的同时，选取需要的链接文件，如图 6-58 所示。单击面板下方的"更新链接"按钮 ，如图 6-59 所示，更新所有修改过的链接文件，效果如图 6-60 所示。

图 6-58   图 6-59   图 6-60

在"链接"面板中，选取一个带有修改链接图标⚠的链接文件，如图 6-61 所示。单击面板右上方的≡图标，在弹出的菜单中选择"更新所有链接"命令，更新所有修改过的链接文件，效果如图 6-62 所示。

图 6-61   图 6-62

3. 恢复丢失的链接文件或用不同的文件替换链接文件

在"链接"面板中选取一个或多个带有丢失链接图标❓的链接文件，如图 6-63 所示。单击"重新链接"按钮 🔗，或单击面板右上方的≡图标，在弹出的菜单中选择"重新链接"命令，如图 6-64 所示，弹出"定位"对话框，选取要重新链接的文件，单击"打开"按钮，文件将重新链接，面板如图 6-65 所示。

图 6-63

图 6-64

图 6-65

在"链接"面板中选取任意链接文件，如图 6-66 所示。单击"重新链接"按钮 ∞，或单击面板右上方的 ≡ 图标，在弹出的菜单中选择"重新链接"命令，如图 6-67 所示，弹出"重新链接"对话框，选取要重新链接的文件，单击"打开"按钮，面板如图 6-68 所示。

图 6-66

图 6-67

图 6-68

　　如果所有缺失的链接文件位于相同的文件夹中，则可以一次恢复所有缺失的链接文件。首先选择所有缺失的链接文件（或不选择任何链接文件），然后恢复其中的一个链接文件，其余的所有缺失的链接文件将自动恢复。

课堂练习——制作美食宣传海报

🔗 练习知识要点

　　使用"置入"命令置入素材图片，使用"矩形工具""添加锚点工具""钢笔工具""贴入内部"命令和"效果"面板制作海报背景，使用"置入"命令、"对齐"面板将图片对齐，使用"文字工具""字符"面板添加宣传性文字。美食宣传海报效果如图 6-69 所示。

◎ 效果所在位置

　　云盘 > Ch06 > 效果 > 制作美食宣传海报.indd。

图 6-69

课后习题——制作空调扇广告

🔗 习题知识要点

使用"置入"命令、"嵌入链接"命令置入素材图片，使用"文字工具"添加产品品牌，使用"矩形工具"、"角选项"命令和"文字工具"添加产品相关功能。空调扇广告效果如图 6-70 所示。

图 6-70

◉ 效果所在位置

云盘 > Ch06 > 效果 > 制作空调扇广告.indd。

07

第7章
版式编排

在 InDesign 2020 中，可以便捷地设置字符的格式和段落
的格式。通过本章的学习，读者可以了解格式化字符和段落、
设置项目符号和编号，以及使用制表符的方法和技巧，并能
掌握"字符"面板和"段落"面板的相关操作，为今后快捷
地进行版式编排打下坚实的基础。

学习目标

- ✔ 熟练掌握字符格式的控制方法。
- ✔ 熟练掌握段落格式的控制技巧。
- ✔ 掌握对齐文本的方法。
- ✔ 了解字符样式和段落样式的设置技巧。

技能目标

- ✔ 掌握女装 Banner 的制作方法。
- ✔ 掌握传统文化台历的制作方法。

素养目标

- ✔ 培养设计规范意识。
- ✔ 加深对中华优秀传统文化的热爱。

7.1 字符格式控制

在 InDesign 2020 中，可以通过控制面板和"字符"面板设置字符的格式。这些格式包括文字的字体、字号、颜色、字符间距等。

选择"文字工具" T，控制面板如图 7-1 所示。

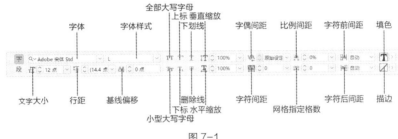

图 7-1

选择"窗口 > 文字和表 > 字符"命令或按 Ctrl+T 组合键，弹出"字符"面板，如图 7-2 所示。

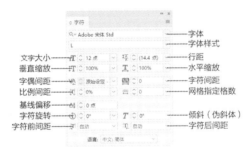

图 7-2

7.1.1 课堂案例——制作女装 Banner

案例学习目标

学习使用"文字工具"和"字符"面板制作女装 Banner。

案例知识要点

使用"置入"命令置入素材图片，使用"文字工具""字符"面板、"X 切变角度"选项添加宣传文字，使用"椭圆工具""文字工具""直线工具"和"旋转角度"选项制作包邮标签。女装 Banner 效果如图 7-3 所示。

图 7-3

效果所在位置

云盘 > Ch07 > 效果 > 制作女装 Banner.indd。

微课

制作女装
Banner

（1）选择"文件 > 新建 > 文档"命令，弹出"新建文档"对话框，选项的设置如图 7-4 所示。单击"边距和分栏"按钮，弹出"新建边距和分栏"对话框，选项的设置如图 7-5 所示，单击"确定"按钮，新建一个文档。选择"视图 > 其他 > 隐藏框架边缘"命令，将所绘图形的框架边缘隐藏。

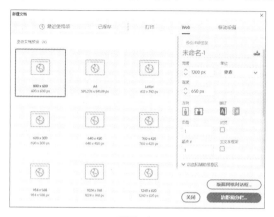 

图 7-4　　　　　　　　　　　　　　　　图 7-5

（2）选择"文件 > 置入"命令，弹出"置入"对话框，选择云盘中的"Ch07 > 素材 > 制作女装 Banner > 01、02"文件，单击"打开"按钮，在页面空白处分别单击以置入图片。选择"自由变换工具" ，分别将图片拖曳到适当的位置，效果如图 7-6 所示。按 Ctrl+A 组合键全选图片，按 Ctrl+L 组合键将其锁定。

（3）选择"文字工具" ，在适当的位置分别拖曳出文本框，输入需要的文字并选取文字。在控制面板中分别选择合适的字体并设置文字大小，填充文字为白色，效果如图 7-7 所示。

（4）使用"文字工具" 选取文字"夏季风尚节"，按 Ctrl+T 组合键，弹出"字符"面板，将"字符间距"设置为-75，如图 7-8 所示。按 Enter 键，效果如图 7-9 所示。

图 7-6　　　　　　图 7-7　　　　　　图 7-8　　　　　　图 7-9

（5）使用"文字工具" 选取数字"8"，在"字符"面板中选择合适的字体并设置文字大小，如图 7-10 所示。按 Enter 键，效果如图 7-11 所示。

图 7-10　　　　　　　　　　　图 7-11

（6）选择"文字工具" T ，在数字"8"左侧单击插入光标，如图 7-12 所示。在"字符"面板中，将"字偶间距"设置为-100，如图 7-13 所示，按 Enter 键，效果如图 7-14 所示。用相同的方法在数字"8"右侧插入光标，设置字偶间距，效果如图 7-15 所示。

图 7-12   图 7-13   图 7-14   图 7-15

（7）选择"选择工具" ▶ ，按住 Shift 键的同时，依次单击需要的文字将其选取，如图 7-16 所示。在控制面板中将"X 切变角度"设置为 10°。按 Enter 键，效果如图 7-17 所示。

（8）选择"椭圆工具" ○ ，按住 Shift 键的同时，在适当的位置拖曳鼠标指针，绘制一个圆形，填充图形为白色，并设置描边色为无，效果如图 7-18 所示。选择"文字工具" T ，在适当的位置分别拖曳出文本框，输入需要的文字并选取文字，在控制面板中分别选择合适的字体并设置文字大小，效果如图 7-19 所示。

图 7-16   图 7-17   图 7-18   图 7-19

（9）选择"选择工具" ▶ ，按住 Shift 键的同时，将输入的文字选取。单击工具箱中的"格式针对文本"按钮 T ，设置填充色的 RGB 值为 20、52、147，填充文字，效果如图 7-20 所示。

（10）使用"文字工具" T 选取文字"包邮"，在控制面板中将"字符间距"设置为-160；按 Enter 键，效果如图 7-21 所示。

（11）选择"直线工具" ╱ ，按住 Shift 键的同时，在适当的位置拖曳鼠标指针，绘制一条直线段。在控制面板中将"描边粗细"设置为 0.75 点，按 Enter 键，设置描边色的 RGB 值为 20、52、147，填充描边，效果如图 7-22 所示。

（12）选择"选择工具" ▶ ，按住 Alt+Shift 组合键的同时，水平向右拖曳直线段到适当的位置，复制直线段，效果如图 7-23 所示。用框选的方法将所绘制的图形全部选取，在控制面板中将"旋转角度"设置为 7.5°，按 Enter 键，效果如图 7-24 所示。

图 7-20   图 7-21   图 7-22   图 7-23   图 7-24

（13）选择"文字工具" T ，在适当的位置拖曳出一个文本框，输入需要的文字。将输入的文字选取，在控制面板中选择合适的字体并设置文字大小，填充文字为白色，效果如图 7-25 所示。

（14）在"字符"面板中，将"行距"设置为 18 点，其他选项的设置如图 7-26 所示；按 Enter 键，效果如图 7-27 所示。在页面空白处单击，取消文字的选取状态，女装 Banner 制作完成，效果如图 7-28 所示。

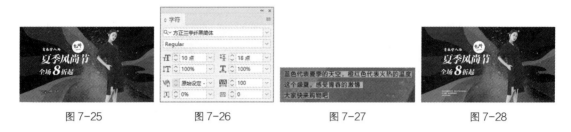

图 7-25　　　　　　　　图 7-26　　　　　　　　图 7-27　　　　　　　　图 7-28

7.1.2　字体

字体是版式编排中最基础、最重要的组成部分之一。下面具体介绍设置字体和制作复合字体的方法和技巧。

1．设置字体

使用"文字工具" T 选择要更改的文字，如图 7-29 所示。在控制面板中单击"字体"选项右侧的 ✓ 按钮，在弹出的下拉列表中选择一种字体，如图 7-30 所示。取消文字的选取状态，效果如图 7-31 所示。

图 7-29　　　　　　　　　　　图 7-30　　　　　　　　　　　图 7-31

使用"文字工具" T 选择要更改的文字，如图 7-32 所示。选择"窗口 > 文字和表 > 字符"命令，或按 Ctrl+T 组合键，弹出"字符"面板，单击"字体"选项右侧的 ✓ 按钮，从弹出的下拉列表中选择一种需要的字体，如图 7-33 所示。取消文字的选取状态，文字效果如图 7-34 所示。

图 7-32　　　　　　　　　　　图 7-33　　　　　　　　　　　图 7-34

使用"文字工具" T 选择要更改的文字，如图 7-35 所示。选择"文字 > 字体"命令，在弹出的子菜单中选择一种需要的字体，如图 7-36 所示。取消文字的选取状态，效果如图 7-37 所示。

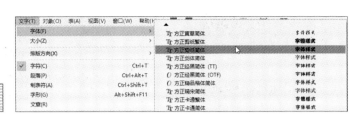

图 7-35　　　　　　　　　　图 7-36　　　　　　　　　　图 7-37

2. 制作复合字体

选择"文字 > 复合字体"命令，或按 Ctrl+Alt+Shift+F 组合键，弹出"复合字体编辑器"对话框，如图 7-38 所示。单击"新建"按钮，弹出"新建复合字体"对话框，如图 7-39 所示，在"名称"文本框中输入复合字体的名称，如图 7-40 所示。单击"确定"按钮，返回"复合字体编辑器"对话框，在列表框中选取字体，如图 7-41 所示。

图 7-39

图 7-38　　　　　　　　　　图 7-40

单击列表框中的其他选项，分别设置需要的字体，如图 7-42 所示。单击"存储"按钮，将复合字体存储，再单击"确定"按钮，复合字体制作完成。字体列表的上方会显示复合字体，如图 7-43 所示。

图 7-41　　　　　　　　　　图 7-42

在"复合字体编辑器"对话框的右侧，可进行如下操作。

单击"导入"按钮，可导入其他文本中的复合字体。

选取不需要的复合字体，单击"删除字体"按钮，可删除复合字体。

通过选择"横排文本"和"直排文本"单选项可切换样本文本的方向，使其以水平或垂直方式显示。

图 7-43

7.1.3　行距

使用"文字工具" T 选择要更改行距的文本，如图 7-44 所示。在控制面板中的"行距"数值框中输入需要的数值后，按 Enter 键确认操作，效果如图 7-45 所示。

图 7-44

图 7-45

使用"文字工具" T 选择要更改的文本，如图 7-46 所示。"字符"面板如图 7-47 所示，在"行距"数值框中输入需要的数值，如图 7-48 所示。按 Enter 键确认操作，效果如图 7-49 所示。

图 7-46　　　　　　　图 7-47　　　　　　　图 7-48　　　　　　　图 7-49

7.1.4　调整字偶间距和字距

1．调整字偶间距

选择"文字工具" T，在需要的位置单击插入光标，如图 7-50 所示。在控制面板中的"字偶间距"数值框中输入需要的数值，如图 7-51 所示。按 Enter 键确认操作。取消文字的选取状态，效果如图 7-52 所示。

图 7-50　　　　　　　图 7-51　　　　　　　图 7-52

选择"文字工具" T，在需要的位置单击插入光标，按住 Alt 键的同时，按向左（或向右）方向键可减小（或增大）字偶间距。

2. 调整字距

使用"文字工具" T 选择需要的文本，如图 7-53 所示。在控制面板中的"字符间距"数值框中输入需要的数值，如图 7-54 所示，按 Enter 键确认操作。取消文字的选取状态，效果如图 7-55 所示。

图 7-53　　　　　　　　　图 7-54　　　　　　　　　图 7-55

使用"文字工具" T 选择需要的文本，按住 Alt 键的同时，按向左（或向右）方向键可减小（或增大）字符间距。

7.1.5　基线偏移

使用"文字工具" T 选择需要的文本，如图 7-56 所示。在控制面板中的"基线偏移"数值框中输入需要的数值，输入正值将使该字符移动到这一行中其余字符基线的上方，如图 7-57 所示；输入负值将使该字符移动到这一行中其余字符基线的下方，如图 7-58 所示。

图 7-56　　　　　　　　图 7-57　　　　　　　　　图 7-58

在"基线偏移"数值框中单击，按向上（或向下）方向键可增大（或减小）基线偏移值。按住 Shift 键的同时，按向上（或向下）方向键，可以按一定的增量（或减量）更改基线偏移值。

7.1.6　字符上标或下标

使用"文字工具" T，选择需要的文本，如图 7-59 所示。在控制面板中单击"上标"按钮 T，如图 7-60 所示，选取的文本将变为上标，效果如图 7-61 所示。

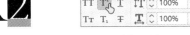

图 7-59　　　　　　　　　图 7-60　　　　　　　　　图 7-61

使用"文字工具" T 选择需要的文本，如图 7-62 所示。在"字符"面板中单击右上方的 ≡ 图标，在弹出的菜单中选择"下标"命令，如图 7-63 所示，选取的文本将变为下标。取消文本的选取状态，效果如图 7-64 所示。

图 7-62　　　　　　　　　　图 7-63　　　　　　　　　　图 7-64

7.1.7　下划线和删除线

使用"文字工具" T 选择需要的文本，如图 7-65 所示。在控制面板中单击"下划线"按钮 I，如图 7-66 所示，为选取的文本添加下划线。取消文本的选取状态，效果如图 7-67 所示。

图 7-65　　　　　　　　　　图 7-66　　　　　　　　　　图 7-67

使用"文字工具" T 选择需要的文本，如图 7-68 所示。在"字符"面板中单击右上方的 ≡ 图标，在弹出的菜单中选择"删除线"命令，如图 7-69 所示，为选取的文本添加删除线。取消文本的选取状态，效果如图 7-70 所示。下划线和删除线的默认粗细、颜色取决于文本的大小和颜色。

图 7-68　　　　　　　　　　图 7-69　　　　　　　　　　图 7-70

7.1.8　缩放文字

使用"选择工具"  选取需要的文本框，如图 7-71 所示。按 Ctrl+T 组合键，弹出"字符"面板，在"垂直缩放"数值框中输入需要的数值，如图 7-72 所示。按 Enter 键确认操作，垂直缩放文字。取消文本框的选取状态，效果如图 7-73 所示。

图 7-71　　　　　　　　　　　　图 7-72　　　　　　　　　　　　图 7-73

使用"选择工具"  选取需要的文本框，如图 7-74 所示。在"字符"面板中的"水平缩放"数值框中输入需要的数值，如图 7-75 所示，按 Enter 键确认操作，水平缩放文字。取消文本框的选取状态，效果如图 7-76 所示。

图 7-74　　　　　　　　　　　　图 7-75　　　　　　　　　　　　图 7-76

使用"文字工具" T 选择需要的文字。在控制面板的"垂直缩放"或"水平缩放"数值框中分别输入需要的数值，也可缩放文字。

7.1.9　旋转文字

使用"选择工具" 选取需要的文本框，如图 7-77 所示。按 Ctrl+T 组合键，弹出"字符"面板，在"字符旋转"数值框中输入需要的数值，如图 7-78 所示。按 Enter 键确认操作，旋转文字。取消文本框的选取状态，效果如图 7-79 所示。输入负值可以向右（顺时针）旋转文字。

图 7-77　　　　　　　　　　　　图 7-78　　　　　　　　　　　　图 7-79

7.1.10　倾斜文字

使用"选择工具" 选取需要的文本框，如图 7-80 所示。按 Ctrl+T 组合键，弹出"字符"面板，在"倾斜"数值框中输入需要的数值，如图 7-81 所示。按 Enter 键确认操作，倾斜文字。取消文本框的选取状态，效果如图 7-82 所示。

图 7-80　　　　　　　　　　图 7-81　　　　　　　　　　图 7-82

7.1.11　调整字符前后的间距

使用"文字工具" T 选择需要的字符，如图 7-83 所示。在控制面板中的"比例间距"数值框中输入需要的数值，如图 7-84 所示。按 Enter 键确认操作，可调整字符的前后间距。取消字符的选取状态，效果如图 7-85 所示。

图 7-83　　　　　　　　　　图 7-84　　　　　　　　　　图 7-85

调整控制面板或"字符"面板中的"字符前间距"选项和"字符后间距"，也可调整字符前后的间距。

7.1.12　直排内横排

使用"文字工具" T 选取需要的字符，如图 7-86 所示。按 Ctrl+T 组合键，弹出"字符"面板，单击面板右上方的 ≡ 图标，在弹出的菜单中选择"直排内横排"命令，如图 7-87 所示，使选取的字符横排，效果如图 7-88 所示。

图 7-86　　　　　　　　　　图 7-87　　　　　　　　　　图 7-88

7.1.13　为文本添加拼音

使用"文字工具" T 选择需要的文本，如图 7-89 所示。单击"字符"面板右上方的 ≡ 图标，在弹出的菜单中选择"拼音 > 拼音"命令，如图 7-90 所示，弹出"拼音"对话框。在"拼音"文本框中输入拼音字符，如果要更改"拼音"设置，可单击对话框左侧的选项并进行设置，如图 7-91 所示。单击"确定"按钮，效果如图 7-92 所示。

图 7-89   图 7-90

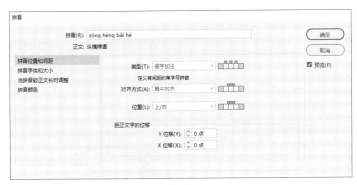

图 7-91   图 7-92

7.2 段落格式控制

在 InDesign 2020 中，可以通过控制面板和"段落"面板设置段落的格式。这些格式包括文本对齐方式、缩进、段落间距、首字下沉、段前和段后间距等。

选择"文字工具" T ，单击控制面板中的"段落格式控制"按钮 段 ，如图 7-93 所示。

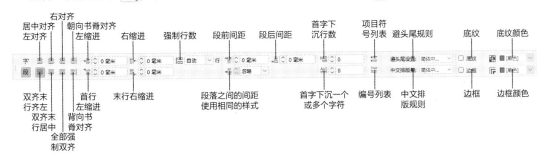

图 7-93

选择"窗口 > 文字和表 > 段落"命令或按 Ctrl+Alt+T 组合键，弹出"段落"面板，如图 7-94 所示。

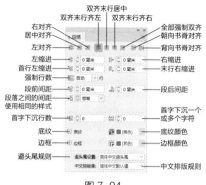

图 7-94

7.2.1　调整段落间距

　　选择"文字工具" T ，在需要的段落文字中单击插入光标，如图 7-95 所示。在"段落"面板中的"段前间距"数值框中输入需要的数值，如图 7-96 所示。按 Enter 键确认操作，调整段落前的间距，效果如图 7-97 所示。

图 7-95　　　　　　　　　图 7-96　　　　　　　　　图 7-97

　　选择"文字工具" T ，在需要的段落文字中单击插入光标，如图 7-98 所示。在控制面板中的"段后间距"数值框中输入需要的数值，如图 7-99 所示。按 Enter 键确认操作，调整段落后的间距，效果如图 7-100 所示。

图 7-98　　　　　　　　　图 7-99　　　　　　　　　图 7-100

7.2.2　首字下沉

　　选择"文字工具" T ，在段落文字中单击插入光标，如图 7-101 所示。在"段落"面板中的"首字下沉行数"数值框中输入需要的数值，如图 7-102 所示。按 Enter 键确认操作，效果如图 7-103 所示。

在"首字下沉一个或多个字符"数值框中输入需要的数值，如图 7-104 所示。按 Enter 键确认操作，效果如图 7-105 所示。

图 7-101   图 7-102   图 7-103   图 7-104   图 7-105

在控制面板中的"首字下沉行数"或"首字下沉一个或多个字符"数值框中分别输入需要的数值也可设置首字下沉。

7.2.3　项目符号和编号

项目符号和编号可以让文本看起来更有条理，在 InDesign 中可以轻松创建并修改它们，并可以将项目符号嵌入段落样式中。

1. 创建项目符号和编号

使用"文字工具" T 选取需要的文本，如图 7-106 所示。在控制面板中单击"段落格式控制"按钮 段 ，切换到相应的面板中，单击"项目符号列表"按钮 ☰ ，效果如图 7-107 所示；单击"编号列表"按钮 ☰ ，效果如图 7-108 所示。

图 7-106   图 7-107   图 7-108

使用"文字工具" T 选取要重新设置的含编号的文本，如图 7-109 所示。按住 Alt 键的同时，单击"编号列表"按钮 ☰ ，或单击"段落"面板右上方的 ☰ 图标，在弹出的菜单中选择"项目符号和编号"命令，弹出"项目符号和编号"对话框，如图 7-110 所示。

在"编号样式"选项组中，各选项的功能如下。

"格式"选项：设置需要的编号类型。

"编号"选项：使用默认表达式，即（^#.^t），或者构建自己的编号表达式。

图 7-109　　　　　　　　　　　图 7-110

"字符样式"选项：为表达式选取字符样式，该样式将应用到整个编号表达式，而不只是数字。

"模式"选项：其下拉列表中有两个选项，"从上一个编号继续"选项用于按顺序对列表进行编号，"开始于"选项用于从一个数字或在文本框中输入的其他值处开始进行编号。在右侧的文本框中输入数字而非字母，即使列表使用字母或罗马数字来进行编号也是如此。

在"项目符号或编号位置"选项组中，各选项的功能如下。

"对齐方式"选项：在为编号分配的水平间距内左对齐、居中对齐或右对齐项目符号或编号。

"左缩进"选项：指定第一行之后的行缩进量。

"首行缩进"选项：控制项目符号或编号的位置。

"制表符位置"选项：在项目符号或编号与列表项目之间生成空格。

设置需要的样式，如图 7-111 所示，单击"确定"按钮，效果如图 7-112 所示。

图 7-111　　　　　　　　　　　图 7-112

2. 设置项目符号和编号选项

使用"文字工具" T 选取要重新设置的包含项目符号的文本，如图 7-113 所示。按住 Alt 键的同时，单击"项目符号列表"按钮 ，或单击"段落"面板右上方的 图标，在弹出的菜单中选择"项目符号和编号"命令，弹出"项目符号和编号"对话框，如图 7-114 所示。

图 7-113

图 7-114

在"项目符号字符"选项组中,可进行如下操作。

单击"添加"按钮,弹出"添加项目符号"对话框,如图 7-115 所示。根据不同的字体和字体样式设置不同的符号,选取需要的字符,单击"确定"按钮,即可添加项目符号字符。

选取要删除的字符,单击"删除"按钮,可删除字符。其他选项的设置与"项目符号和编号"对话框中的设置相同,这里不再赘述。

"添加项目符号"对话框中的设置如图 7-116 所示,单击"确定"按钮,返回到"项目符号和编号"对话框,设置需要的符号样式,如图 7-117 所示。单击"确定"按钮,效果如图 7-118 所示。

图 7-115

图 7-116

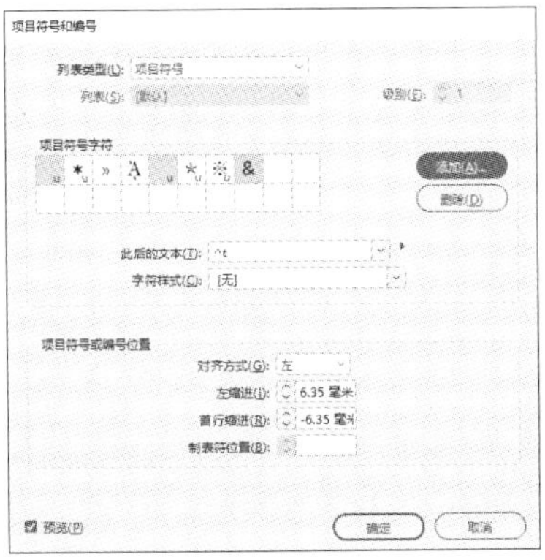

图 7-117

图 7-118

微课 微课

制作传统文化 制作传统文化
台历 1 台历 2

7.3 对齐文本

在 InDesign 2020 中，可以通过控制面板、"段落"面板和制表符对齐文本。下面介绍对齐文本的方法和技巧。

7.3.1 课堂案例——制作传统文化台历

案例学习目标

学习使用"文字工具""制表符"命令制作传统文化台历。

案例知识要点

使用"矩形工具""钢笔工具""路径查找器"面板、"投影"命令和"贴入内部"命令绘制台历背景，使用"文字工具"和"制表符"对话框制作台历日期。传统文化台历效果如图 7-119 所示。

效果所在位置

云盘 > Ch07 > 效果 > 制作传统文化台历.indd。

图 7-119

1. 制作台历背景

（1）选择"文件 > 新建 > 文档"命令，弹出"新建文档"对话框，选项的设置如图 7-120 所示。单击"边距和分栏"按钮，弹出"新建边距和分栏"对话框，选项的设置如图 7-121 所示，单击"确定"按钮，新建一个文档。选择"视图 > 其他 > 隐藏框架边缘"命令，将所绘图形的框架边缘隐藏。

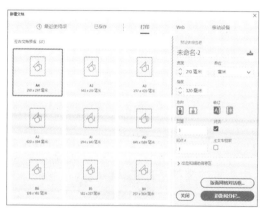

图 7-120

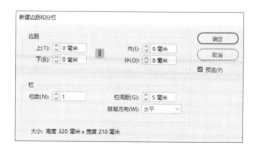

图 7-121

（2）选择"矩形工具" ▢，在适当的位置拖曳鼠标指针，绘制一个矩形。设置填充色的 CMYK 值为 9、0、5、0，填充图形，并设置描边色为无，效果如图 7-122 所示。

（3）选择"钢笔工具" ✐，在适当的位置拖曳鼠标指针，绘制闭合路径。选择"选择工具" ▸，设置填充色的 CMYK 值为 65、100、70、50，填充图形，并设置描边色为无，效果如图 7-123 所示。

（4）选择"椭圆工具" 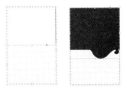，按住 Shift 键的同时，在适当的位置拖曳鼠标指针，绘制一个圆形，填充图形为白色，并设置描边色为无，效果如图 7-124 所示。

（5）选择"选择工具" ，按住 Alt+Shift 组合键的同时，水平向右拖曳圆形到适当的位置，复制圆形，效果如图 7-125 所示。连续按 Ctrl+Alt+4 组合键，按需要再复制出多个圆形，效果如图 7-126 所示。

图 7-122　图 7-123

图 7-124　　　图 7-125　　　　　　　图 7-126

（6）选择"选择工具" ，按住 Shift 键的同时，将所绘制的图形同时选取，如图 7-127 所示。选择"窗口 > 对象和版面 > 路径查找器"命令，弹出"路径查找器"面板，单击"减去"按钮 ，如图 7-128 所示，生成新对象，效果如图 7-129 所示。

图 7-127　　　　　　　　图 7-128　　　　　　　　图 7-129

（7）单击控制面板中的"向选定的目标添加对象效果"按钮 ，在弹出的菜单中选择"投影"命令，弹出"效果"对话框，选项的设置如图 7-130 所示。单击"确定"按钮，效果如图 7-131 所示。

图 7-130　　　　　　　　　　　　　图 7-131

（8）取消图形的选取状态。选择"文件 > 置入"命令，弹出"置入"对话框，选择云盘中的"Ch07 > 素材 > 制作传统文化台历 > 01"文件，单击"打开"按钮，在页面空白处单击以置入图片。选择"自由变换工具" ，将图片拖曳到适当的位置，并调整其大小，效果如图 7-132 所示。

（9）保持图片处于选取状态。按 Ctrl+X 组合键，剪切图片。使用"选择工具" 选择下方的葡萄紫色图形，如图 7-133 所示，选择"编辑 > 贴入内部"命令，将图片贴入葡萄紫色图形的内部，效果如图 7-134 所示。

（10）选择"钢笔工具" （此处为工具图标），在适当的位置拖曳鼠标指针，绘制一条路径。选择"选择工具" ，将控制面板中的"描边粗细"设置为 6 点，按 Enter 键，效果如图 7-135 所示。设置描边色的 CMYK 值为 11、22、85、0，填充描边，效果如图 7-136 所示。

图 7-132　　　　图 7-133　　　　图 7-134　　　　图 7-135　　　　图 7-136

（11）单击控制面板中的"向选定的目标添加对象效果"按钮，在弹出的菜单中选择"投影"命令，弹出"效果"对话框，选项的设置如图 7-137 所示。单击"确定"按钮，效果如图 7-138 所示。

图 7-137　　　　　　　　　　　　　　图 7-138

（12）选择"钢笔工具" ，在适当的位置拖曳鼠标指针，绘制一个闭合路径，如图 7-139 所示。选择"选择工具" ，设置填充色的 CMYK 值为 11、22、85、0，填充图形，并设置描边色为无，效果如图 7-140 所示。

图 7-139　　　　　　　　　　　　图 7-140

（13）选择"文字工具" ，在适当的位置拖曳出一个文本框，输入需要的文字并选取文字。在控制面板中选择合适的字体并设置文字大小，效果如图 7-141 所示。设置填充色的 CMYK 值为 11、22、85、0，填充文字，取消文字的选取状态，效果如图 7-142 所示。

（14）选择"直排文字工具" ，在适当的位置分别拖曳出文本框，输入需要的文字并选取文字。在控制面板中分别选择合适的字体并设置文字大小，效果如图 7-143 所示。

（15）选择"选择工具" ，按住 Shift 键的同时，将输入的文字同时选取，单击工具箱中的

"格式针对文本"按钮 T，设置填充色的 CMYK 值为 11、22、85、0，填充文字，效果如图 7-144 所示。

图 7-141　　　　　　　　图 7-142　　　　　　　图 7-143　　　　　图 7-144

（16）使用"文字工具" T 选取拼音"Guǐ Mǎo Nián"，在控制面板中将"字符间距"设置为 25；按 Enter 键，效果如图 7-145 所示。

（17）使用"文字工具" T 选取数字"20*3"，在控制面板中将"字符间距"设置为 100；按 Enter 键，效果如图 7-146 所示。

（18）选择"椭圆工具" ◯，按住 Shift 键的同时，在适当的位置拖曳鼠标指针，绘制一个圆形。设置填充色的 CMYK 值为 11、22、85、0，填充图形，并设置描边色为无，效果如图 7-147 所示。

（19）选择"文字工具" T，在适当的位置拖曳出一个文本框，输入需要的文字并选取文字，在控制面板中选择合适的字体并设置文字大小。设置填充色的 CMYK 值为 65、100、70、50，填充文字，效果如图 7-148 所示。

图 7-145　　　　　　　图 7-146　　　　　　　图 7-147　　　　　　图 7-148

2．添加台历日期

（1）选择"矩形工具" ▢，在适当的位置拖曳鼠标指针，绘制一个矩形。设置填充色的 CMYK 值为 65、100、70、50，填充图形，并设置描边色为无，效果如图 7-149 所示。

（2）选择"文字工具" T，在页面中分别拖曳出文本框，输入需要的文字并选取文字，在控制面板中分别选择合适的字体并设置文字大小。选择"选择工具" ▶，按住 Shift 键的同时，将输入的文字同时选取，单击工具箱中的"格式针对文本"按钮 T，设置填充色的 CMYK 值为 65、100、70、50，填充文字，效果如图 7-150 所示。

（3）使用"文字工具" T 选取文字"10 月"，在控制面板中将"字符间距"设置为-120。按 Enter 键，效果如图 7-151 所示。

（4）选择"文字工具" T，在页面外的空白处拖曳出一个文本框，输入需要的文字并选取文字，在控制面板中选择合适的字体并设置文字大小，效果如图 7-152 所示。在控制面板中将"行距"设置为 37 点，按 Enter 键，效果如图 7-153 所示。

图 7-149

图 7-150

图 7-151

图 7-152

图 7-153

（5）使用"文字工具" $\boxed{T}$ 选取文字"日"，如图 7-154 所示。设置填充色的 CMYK 值为 0、0、0、59，填充文字，取消文字的选取状态，效果如图 7-155 所示。用相同方法选取其他文字并填充相同的颜色，效果如图 7-156 所示。

（6）选择"文字工具" $\boxed{T}$ ，将输入的文字同时选取，如图 7-157 所示。选择"文字 > 制表符"命令，弹出"制表符"对话框，如图 7-158 所示。单击"居中对齐制表符"按钮 ↓ ，并在标尺上添加制表符，在"X"文本框中输入 21 毫米，如图 7-159 所示。单击对话框右上方的 ≡ 图标，在弹出的菜单中选择"重复制表符"命令，"制表符"对话框如图 7-160 所示。

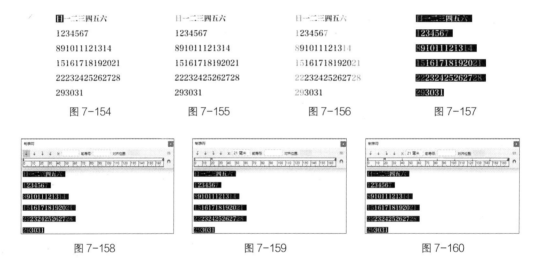

图 7-154

图 7-155

图 7-156

图 7-157

图 7-158

图 7-159

图 7-160

（7）在适当的位置单击插入光标，如图 7-161 所示。按 Tab 键，调整文字的间距，如图 7-162 所示。

（8）在文字"日"的后面插入光标，按 Tab 键，再次调整文字的间距，如图 7-163 所示。用相同的方法分别在适当的位置插入光标，按 Tab 键，调整文字的间距，效果如图 7-164 所示。

图 7-161

图 7-162

图 7-163

（9）使用"选择工具" $\boxed{\blacktriangle}$ 选取日期文本框，并拖曳到页面中适当的位置，效果如图 7-165 所示。在页面空白处单击，取消日期文本框的选取状态，传统文化台历制作完成，效果如图 7-166 所示。

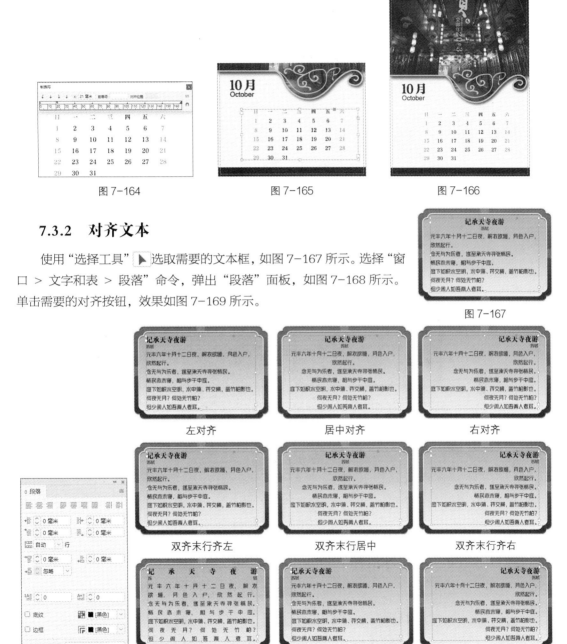

图 7-164　　　　　　　图 7-165　　　　　　　图 7-166

7.3.2　对齐文本

使用"选择工具" ▶ 选取需要的文本框，如图 7-167 所示。选择"窗口 > 文字和表 > 段落"命令，弹出"段落"面板，如图 7-168 所示。单击需要的对齐按钮，效果如图 7-169 所示。

图 7-167

左对齐　　　　　　　　居中对齐　　　　　　　　右对齐

双齐末行齐左　　　　　双齐末行居中　　　　　双齐末行齐右

全部强制双齐　　　　　朝向书籍对齐　　　　　背向书籍对齐

图 7-168　　　　　　　图 7-169

7.3.3　设置缩进

选择"文字工具" T ，在段落文字中单击插入光标，如图 7-170 所示。在"段落"面板的

"左缩进"数值框中输入需要的数值，如图 7-171 所示。按 Enter 键确认操作，效果如图 7-172 所示。

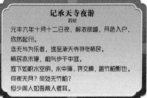
图 7-170

图 7-171

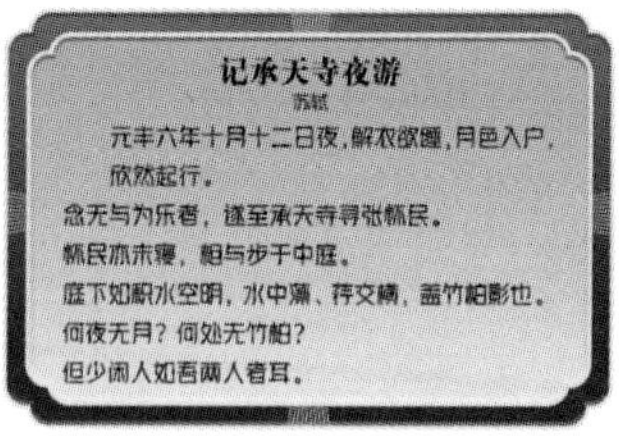

图 7-172

在其他缩进数值框中输入需要的数值，效果如图 7-173 所示。

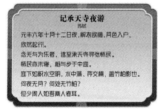

右缩进 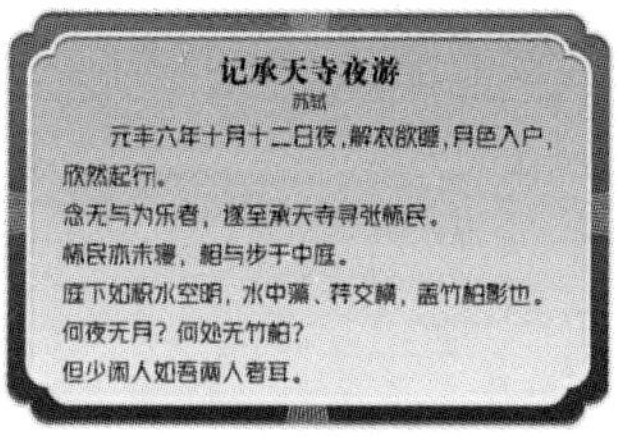　　　　　　　　　首行左缩进

图 7-173

选择"文字工具" T，在段落文字中单击插入光标，如图 7-174 所示。在"段落"面板的 "末行右缩进"数值框中输入需要的数值，如图 7-175 所示。按 Enter 键确认操作，效果如图 7-176 所示。

图 7-174

图 7-175

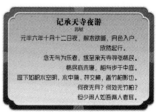
图 7-176

7.3.4　设置悬挂缩进

　　选择"文字工具" T ，在段落文字中单击插入光标，如图 7-177 所示。在控制面板的"左缩进"数值框中输入大于 0 的值，按 Enter 键确认操作，效果如图 7-178 所示。再在"首行左缩进"数值框中输入一个小于 0 的值，按 Enter 键确认操作，使文本悬挂缩进，效果如图 7-179 所示。

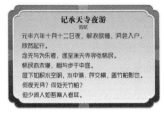

图 7-177　　　　　　　　　　图 7-178　　　　　　　　　　图 7-179

　　选择"文字工具" T ，在要缩进的段落文字中单击插入光标，如图 7-180 所示。选择"文字 > 插入特殊字符 > 其他 > 在此缩进对齐"命令，如图 7-181 所示，使文本悬挂缩进，效果如图 7-182 所示。

图 7-180　　　　　　　　　　图 7-181　　　　　　　　　　图 7-182

7.3.5　制表符

　　使用"选择工具" ▶ 选取需要的文本框，如图 7-183 所示。选择"文字 > 制表符"命令，或按 Shift+Ctrl+T 组合键，弹出"制表符"对话框，如图 7-184 所示。

1．设置制表符

　　在标尺上多次单击，设置制表符，如图 7-185 所示。在段落文字中需要添加制表符的位置单击，插入光标，按 Tab 键，调整文本的位置，效果如图 7-186 所示。

图 7-183　　　　　　　　　　图 7-184　　　　　　　　　　图 7-185

2．添加前导符

　　将所有文字同时选取，在标尺上选取一个已有的制表符，如图 7-187 所示。在"制表符"对话框上方的"前导符"文本框中输入需要的字符，按 Enter 键确认操作，效果如图 7-188 所示。

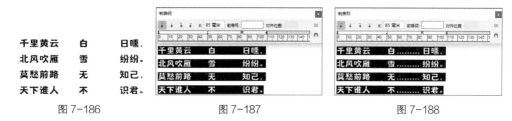

图 7-186　　　　　　　　图 7-187　　　　　　　　图 7-188

3. 更改制表符的对齐方式

在标尺上选取一个已有的制表符，如图 7-189 所示。单击标尺上方的制表符对齐按钮（这里单击"右对齐制表符"按钮 ↓），更改制表符的对齐方式，效果如图 7-190 所示。

图 7-189　　　　　　　　　　　图 7-190

4. 移动制表符

在标尺上选取一个已有的制表符，如图 7-191 所示。在标尺上直接将其拖曳到新位置或在"X"文本框中输入需要的数值，移动制表符，效果如图 7-192 所示。

图 7-191　　　　　　　　　　　图 7-192

5. 重复制表符

在标尺上选取一个已有的制表符，如图 7-193 所示。单击右上方的 ≡ 按钮，在弹出的菜单中选择"重复制表符"命令，在标尺上重复当前的制表符，效果如图 7-194 所示。

图 7-193　　　　　　　　　　　图 7-194

6. 删除定位符

在标尺上选取一个已有的制表符，如图 7-195 所示。直接将其拖离标尺或单击右上方的 ≡ 按钮，在弹出的菜单中选择"删除制表符"命令，删除选取的制表符，如图 7-196 所示。

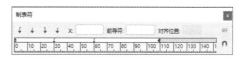

图 7-195　　　　　　　　　　　图 7-196

单击"制表符"对话框右上方的 ≡ 按钮，在弹出的菜单中选择"清除全部"命令，恢复默认状态，效果如图 7-197 所示。

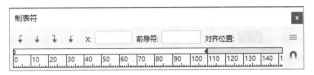

图 7-197

7.4 字符样式和段落样式

字符样式是通过一个步骤就可以应用于文本的一系列字符格式的集合。段落样式包括字符格式和段落格式，可应用于一个段落，也可应用于某范围内的段落。

7.4.1 创建字符样式和段落样式

1. 打开样式面板

选择"文字 > 字符样式"命令，或按 Shift+F11 组合键，弹出"字符样式"面板，如图 7-198 所示。选择"窗口 > 文字和表 > 字符样式"命令，也可弹出"字符样式"面板。

选择"文字 > 段落样式"命令，或按 F11 键，弹出"段落样式"面板，如图 7-199 所示。选择"窗口 > 文字和表 > 段落样式"命令，也可弹出"段落样式"面板。

2. 定义字符样式

单击"字符样式"面板下方的"创建新样式"按钮 ⊡ ，该面板中会生成新样式，如图 7-200 所示。双击新样式的名称，弹出"字符样式选项"对话框，如图 7-201 所示。

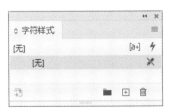

图 7-198

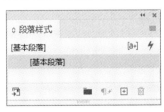

图 7-199

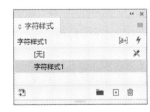

图 7-200

"样式名称"选项：可在其文本框中输入新样式的名称。

"基于"选项：可在其下拉列表中选择当前样式所基于的样式。使用此选项，可以将样式相互链接，以便一种样式中的变化可以反映到基于它的子样式中。默认情况下，新样式基于[无]或当前任何选定文本的样式。

"快捷键"选项：用于添加快捷键。

"将样式应用于选区"复选框：勾选该复选框，可将新样式应用于选定文本。

单击左侧的某个类别，指定要添加到样式中的属性。设置完成后，单击"确定"按钮即可。

3. 定义段落样式

单击"段落样式"面板下方的"创建新样式"按钮 ⊡ ，该面板中会生成新样式，如图 7-202 所示。双击新样式的名称，弹出"段落样式选项"对话框，如图 7-203 所示。

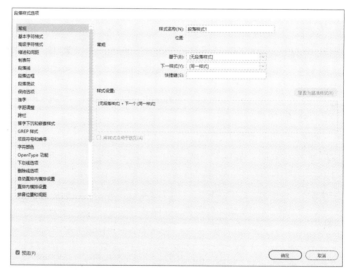

图 7-201

图 7-202

图 7-203

除"下一样式"选项外，其他选项与"字符样式选项"对话框中的相同，这里不再赘述。

"下一样式"选项：指定当按 Enter 键时在当前样式之后应用的样式。

单击"段落样式"面板右上方的 ≡ 图标，在弹出的菜单中选择"新建段落样式"命令，如图 7-204 所示，弹出"新建段落样式"对话框，如图 7-205 所示，在其中也可新建段落样式。其中的选项与"段落样式选项"对话框中的相同，这里不再赘述。

提示

　　若想在现有文本格式的基础上创建一种新的样式，选择该文本或在该文本中单击插入光标，单击"段落样式"面板下方的"创建新样式"按钮 ⊡ 即可。

图 7-204

图 7-205

7.4.2 编辑字符样式和段落样式

1. 应用字符样式

使用"文字工具" $\boxed{T}$ 选取需要的字符，如图 7-206 所示。在"字符样式"面板中单击需要的字符样式名称，如图 7-207 所示。为选取的字符添加样式，取消文字的选取状态，效果如图 7-208 所示。

图 7-206

图 7-207

图 7-208

在控制面板中单击"快速应用"按钮 ⚡，弹出"快速应用"面板，单击需要的字符样式，或按下用户自定义的快捷键，也可为选取的字符添加样式。

2．应用段落样式

选择"文字工具" T 在段落文字中单击插入光标，如图 7-209 所示。在"段落样式"面板中单击需要的段落样式名称，如图 7-210 所示。为选取的段落添加样式，效果如图 7-211 所示。

图 7-209

图 7-210

图 7-211

在控制面板中单击"快速应用"按钮 ⚡，弹出"快速应用"面板，单击需要的段落样式，或按下用户自定义的快捷键，也可为选取的段落添加样式。

3．编辑样式

在"段落样式"面板中，右击要编辑的样式名称，在弹出的快捷菜单中选择"编辑'段落样式 2'"命令，如图 7-212 所示，弹出"段落样式选项"对话框，如图 7-213 所示。设置需要的选项，单击"确定"按钮即可。

图 7-212

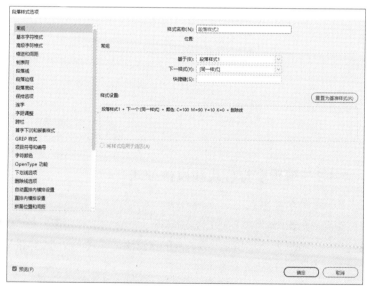
图 7-213

在"段落样式"面板中，双击要编辑的样式名称，或者在选择要编辑的样式后，单击面板右上方的 ≡ 图标，在弹出的菜单中选择"样式选项"命令，弹出"段落样式选项"对话框。设置需要的选项，单击"确定"按钮即可。

字符样式的编辑方法与段落样式相似，故这里不再赘述。

提示

　　单击或双击样式会将该样式应用于当前选定的文本或文本框，如果没有选定任何文本或文本框，则会将该样式设置为新文本框中输入的任何文本的默认样式。

4. 删除样式

　　在"段落样式"面板中，选取需要删除的段落样式，如图 7-214 所示。单击该面板下方的"删除选定样式/组"按钮 ，或单击右上方的 ≡ 图标，在弹出的菜单中选择"删除样式"命令，如图 7-215 所示，删除选取的段落样式，面板如图 7-216 所示。

| 图 7-214 | 图 7-215 | 图 7-216 |

　　在要删除的段落样式上单击鼠标右键，在弹出的快捷菜单中选择"删除样式"命令，也可删除选取的样式。

提示

　　要删除所有未使用的样式，在"段落样式"面板中单击右上方的 ≡ 图标，在弹出的菜单中选择"选择所有未使用的样式"命令，选取所有未使用的样式，单击"删除选定样式/组"按钮 即可。当删除未使用的样式时，不会提示替换该样式。

　　在"字符样式"面板中删除样式的方法与在"段落样式"面板中相似，故这里不再赘述。

5. 清除段落样式优先选项

　　当将不属于某个样式的格式应用于使用这种样式的文本时，此格式称为优先选项。当选择含优先选项的文本时，样式名称旁会显示一个加号（+）。

　　选择"文字工具" T ，在有优先选项的文本中单击插入光标，如图 7-217 所示。单击"段落样式"面板中的"清除选区中的优先选项"按钮 ，或单击面板右上方的 ≡ 图标，在弹出的菜单中选择"清除优先选项"命令，如图 7-218 所示，删除段落样式的优先选项，如图 7-219 所示。

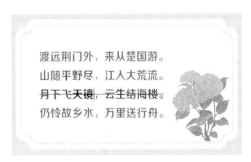

图 7-217

图 7-218

图 7-219

课堂练习——制作冰糖葫芦宣传单

🔗 练习知识要点

使用"置入"命令、"投影"命令制作宣传单底图，使用"文字工具""直排文字工具""字符"面板制作宣传信息，使用"矩形工具""角选项"命令、"旋转角度"选项、"椭圆工具"和"直线工具"绘制装饰图形。冰糖葫芦宣传单效果如图 7-220 所示。

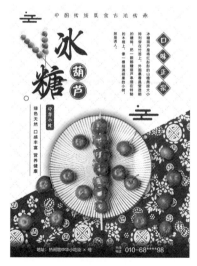

图 7-220

微课

制作冰糖葫芦
宣传单

效果所在位置

云盘 > Ch07 > 效果 > 制作冰糖葫芦宣传单.indd。

课后习题——制作购物中心海报

 习题知识要点

使用"置入"命令置入素材图片，使用"文字工具""旋转角度"选项添加广告语，使用"椭圆工具""多边形工具""文字工具"制作标志，使用"直线工具""文字工具""字符"面板添加其他相关信息。购物中心海报效果如图 7-221 所示。

微课

制作购物中心
海报

图 7-221

 效果所在位置

云盘 > Ch07 > 效果 > 制作购物中心海报.indd。

08

第 8 章
表格与图层

InDesign 2020 具有强大的表格和图层编辑功能。通过本章的学习，读者可以掌握绘制和编辑表格的方法及图层的操作技巧，并可以创建较复杂的表格，以及准确地使用图层制作出需要的版式文件。

学习目标

- 掌握表格的绘制和编辑技巧。
- 熟悉图层的操作方法。

技能目标

- 掌握汽车广告的制作方法。

素养目标

- 提高对数据的敏感度。
- 养成提高效率的工作习惯。

8.1 表格

表格由单元格组成。单元格类似于文本框，可在其中添加文本、随文框等。下面介绍表格的创建和使用方法。

8.1.1 课堂案例——制作汽车广告

案例学习目标

学习使用"文字工具"和"表格"命令制作汽车广告。

案例知识要点

使用"文字工具""切变"命令添加标题文字；使用"矩形工具""贴入内部"命令制作图片剪切效果，使用"项目符号列表"按钮添加段落文字的项目符号，使用"插入表"命令插入表格并添加文字，使用"合并单元格"命令合并选取的单元格。汽车广告效果如图 8-1 所示。

效果所在位置

云盘 > Ch08 > 效果 > 制作汽车广告.indd。

制作汽车广告 1

制作汽车广告 2

制作汽车广告 3

图 8-1

1. 添加并编辑标题文字

（1）选择"文件 > 新建 > 文档"命令，弹出"新建文档"对话框，选项的设置如图 8-2 所示。单击"边距和分栏"按钮，弹出"新建边距和分栏"对话框，选项的设置如图 8-3 所示。单击"确定"按钮，新建一个文档。选择"视图 > 其他 > 隐藏框架边缘"命令，将所绘图形的框架边缘隐藏。

（2）选择"矩形工具" ▭ ，绘制一个与页面大小相等的矩形，设置填充色的 CMYK 值为 0、0、0、16，填充图形，并设置描边色为无，效果如图 8-4 所示。

（3）取消图形的选取状态。选择"文件 > 置入"命令，弹出"置入"对话框。选择云盘中的

"Ch08 > 素材 > 制作汽车广告 > 01"文件，单击"打开"按钮，在页面空白处单击以置入图片。选择"自由变换工具" ，将图片拖曳到适当的位置并调整其大小，效果如图 8-5 所示。

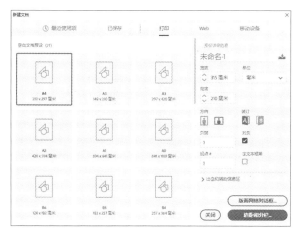

图 8-2图 8-3

（4）选择"选择工具" ，按住 Shift 键的同时，将矩形和图片同时选取。按 Shift+F7 组合键，弹出"对齐"面板，单击"水平居中对齐"按钮 ，如图 8-6 所示，对齐效果如图 8-7 所示。

图 8-4　　　　图 8-5　　　　图 8-6　　　　图 8-7

（5）按 Ctrl+O 组合键，弹出"打开文件"对话框。打开云盘中的"Ch08 > 素材 > 制作汽车广告 > 02"文件，单击"打开"按钮，打开文件。按 Ctrl+A 组合键，全选图形。按 Ctrl+C 组合键，复制选取的图形。返回到正在编辑的页面，按 Ctrl+V 组合键，将其粘贴到页面中。选择"选择工具" ，拖曳复制得到的图形到适当的位置，效果如图 8-8 所示。

（6）选择"文字工具" ，在页面中分别拖曳出文本框，输入需要的文字并选取文字，在控制面板中选择合适的字体并设置文字大小，效果如图 8-9 所示。

图 8-8　　　　　　　　图 8-9

（7）选择"选择工具" ，按住 Shift 键的同时，将输入的文字同时选取，单击工具箱中的"格式针对文本"按钮 ，设置填充色的 CMYK 值为 0、100、100、37，填充文字，效果如图 8-10 所示。

（8）选择"对象 > 变换 > 切变"命令，弹出"切变"对话框，选项的设置如图 8-11 所示。单击"确定"按钮，效果如图 8-12 所示。

图 8-10   图 8-11   图 8-12

2. 置入并编辑图片

（1）选择"矩形工具" ▢，按住 Shift 键的同时，在适当的位置拖曳鼠标指针，绘制一个矩形。填充图形为黑色，并设置描边色的 CMYK 值为 0、0、10、0，填充描边。在控制面板中将"描边粗细"设置为 5 点，按 Enter 键，效果如图 8-13 所示。

（2）取消图形的选取状态。选择"文件>置入"命令，弹出"置入"对话框。选择云盘中的"Ch08>素材 > 制作汽车广告 > 03"文件，单击"打开"按钮，在页面空白处单击以置入图片。选择"自由变换工具" ⬚，将图片拖曳到适当的位置并调整其大小，效果如图 8-14 所示。

图 8-13   图 8-14

（3）保持图片处于选取状态，按 Ctrl+X 组合键，剪切图片。使用"选择工具" ▶ 选择下方矩形，如图 8-15 所示，选择"编辑 > 贴入内部"命令，将图片贴到矩形的内部，效果如图 8-16 所示。使用相同的方法置入"04""05"图片，制作出图 8-17 所示的效果。

图 8-15   图 8-16   图 8-17

（4）选择"文字工具" T，在适当的位置拖曳出一个文本框，输入需要的文字并选取文字。在控制面板中选择合适的字体并设置文字大小，填充文字为白色，效果如图 8-18 所示。在控制面板中将"行距"设置为 18 点，按 Enter 键，效果如图 8-19 所示。

图 8-18   图 8-19

（5）保持文字处于选取状态。按住 Alt 键的同时，单击控制面板中的"项目符号列表"按钮 ，在弹出的对话框中将"列表类型"设置为"项目符号"，单击"添加"按钮，在弹出的"添加项目符号"对话框中选择需要的符号，如图 8-20 所示。单击"确定"按钮，回到"项目符号和编号"对话框，选项的设置如图 8-21 所示。单击"确定"按钮，效果如图 8-22 所示。

图 8-20

图 8-21

图 8-22

3. 绘制并编辑表格

（1）选择"文字工具" ，在页面外拖曳出一个文本框。选择"表 > 插入表"命令，在弹出的对话框中进行设置，如图 8-23 所示。单击"确定"按钮，效果如图 8-24 所示。

（2）将鼠标指针移至表格的左上角，当鼠标指针变为 形状时，单击选取整个表格。选择"表 > 单元格选项 > 描边和填色"命令，弹出"单元格选项"对话框，选项的设置如图 8-25 所示。单击"确定"按钮，取消表格的选取状态，效果如图 8-26 所示。

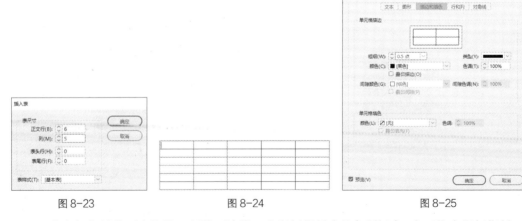

图 8-23

图 8-24

图 8-25

（3）将鼠标指针移到表格第一行的下边缘，当鼠标指针变为 形状时，向下拖曳鼠标指针，如图 8-27 所示。松开鼠标左键，效果如图 8-28 所示。

（4）将鼠标指针移到表格第一列的右边缘，鼠标指针变为 形状，按住 Shift 键的同时，向左拖曳鼠标指针，如图 8-29 所示。松开鼠标左键，效果如图 8-30 所示。使用相同的方法调整其他列线，效果如图 8-31 所示。

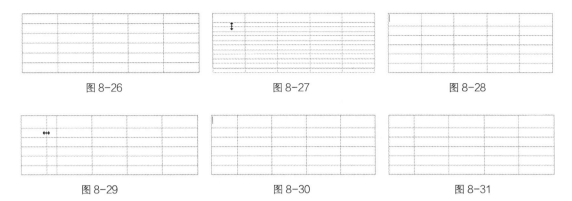

图 8-26   图 8-27   图 8-28

图 8-29   图 8-30   图 8-31

（5）将鼠标指针移到表格最后一行的左边缘，当鼠标指针变为 ➡ 形状时，单击，最后一行被选中，如图 8-32 所示。选择"表 > 合并单元格"命令，将选取的单元格合并，效果如图 8-33 所示。

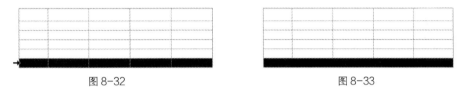

图 8-32   图 8-33

（6）选择"表 > 表选项 > 交替填色"命令，弹出"表选项"对话框，单击"交替模式"选项右侧的 ∨ 按钮，在下拉列表中选择"每隔一行"选项。单击"颜色"选项右侧的 ∨ 按钮，在弹出的下拉列表中选择需要的色板，其他选项的设置如图 8-34 所示。单击"确定"按钮，效果如图 8-35 所示。

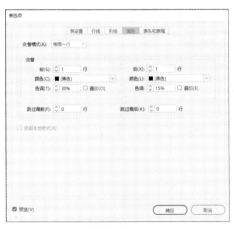

图 8-34   图 8-35

（7）选择"文字工具" T，在表格中输入需要的文字。将输入的文字选取，在控制面板中选择合适的字体并设置文字大小，效果如图 8-36 所示。

车型名称	乐风 TC 2024 款 1.8TSI 舒适型	乐风 TC 2024 款 1.8TSI 运动型	乐风 TC 2024 款 2.0TSI 舒适型	乐风 TC 2024 款 2.0TSI 运动型
发动机	1.8T 160 马力 L4	1.8T 160 马力 L4	2.0T 200 马力 L4	2.0T 200 马力 L4
变速箱	7 挡双离合	7 挡双离合	6 挡双离合	6 挡双离合
车身结构	4 门 5 座三厢车	4 门 5 座三厢车	4 门 5 座三厢车	4 门 5 座三厢车
进气形式	涡轮增压	涡轮增压	涡轮增压	涡轮增压
4799*1855*1417				

图 8-36

（8）将鼠标指针移至表格的左上方，当鼠标指针变为 ↘ 形状时，单击选取整个表格，如图 8-37 所示。在控制面板中，单击"居中对齐"按钮 ▤ 和"居中对齐"按钮 ▦，文字效果如图 8-38 所示。

图 8-37　　　　　　　　　　　　　　　图 8-38

（9）使用"选择工具" ▶ 选取表格，将其拖曳到页面中适当的位置，如图 8-39 所示。选择"文字工具" T，在适当的位置拖曳出一个文本框，输入需要的文字并选取文字。在控制面板中选择合适的字体并设置文字大小，将"字符间距"设置为 160，按 Enter 键，效果如图 8-40 所示。

图 8-39

图 8-40

（10）使用"文字工具" T 选取英文"WU FENG"，在控制面板中选择合适的字体，效果如图 8-41 所示。选取文字"WU FENG 五风汽车"，设置填充色的 CMYK 值为 0、100、100、37，填充文字，效果如图 8-42 所示。在页面空白处单击，取消文字的选取状态。汽车广告制作完成，效果如图 8-43 所示。

图 8-41　　　　　　　　图 8-42　　　　　　　　图 8-43

8.1.2　表格的创建

1．创建表格

选择"文字工具" T，在需要的位置拖曳出文本框或在要创建表格的文本框中单击插入光标，如

图 8-44 所示。选择"表 > 插入表"命令，或按 Ctrl+Alt+Shift+T 组合键，弹出"插入表"对话框，设置需要的数值，如图 8-45 所示。单击"确定"按钮，效果如图 8-46 所示。

图 8-44　　　　　　　　　　　　图 8-45　　　　　　　　　　　　图 8-46

"正文行""列"选项：指定正文中水平单元格的数量以及列中垂直单元格的数量。

"表头行""表尾行"选项：若表格内容跨多个列或多个框架，指定要在其中重复信息的表头行或表尾行的数量。

2. 在表格中添加文本和图形

选择"文字工具" T ，在单元格中单击插入光标，输入需要的文本。在需要的单元格中单击插入光标，如图 8-47 所示。选择"文件 > 置入"命令，弹出"置入"对话框。选取需要的图形，单击"打开"按钮，置入需要的图形，效果如图 8-48 所示。

图 8-47　　　　　　　　　　　　　　图 8-48

使用"选择工具" ▶ 选取需要的图形，如图 8-49 所示。按 Ctrl+X 组合键（或按 Ctrl+C 组合键），剪切（或复制）需要的图形。选择"文字工具" T ，在单元格中单击插入光标，如图 8-50 所示。按 Ctrl+V 组合键，将图形粘贴到表格中，效果如图 8-51 所示。

图 8-49　　　　　　　　　图 8-50　　　　　　　　　图 8-51

3. 在表格中移动光标

按 Tab 键可以将光标后移一个单元格。若在最后一个单元格中按 Tab 键，则会新建一行。

按 Shift+Tab 组合键可以将光标前移一个单元格。如果在第一个单元格中按 Shift+Tab 组合键，光标将移至最后一个单元格。

如果在光标位于表中某行的最后一个单元格的末尾时按向右方向键，则光标会移至同一行中第一个单元格的起始位置。同样，如果在光标位于表中某列的最后一个单元格的末尾时按向下方向键，则光标会移至同一列中第一个单元格的起始位置。

选择"文字工具" T ，在表格中单击插入光标，如图8-52所示。选择"表 > 转至行"命令，弹出"转至行"对话框，指定要转到的行，如图8-53所示。单击"确定"按钮，效果如图8-54所示。

图8-52   图8-53   图8-54

若当前表格定义了表头行或表尾行，则在"转至行"对话框中的下拉菜单中选择"表头"或"表尾"，单击"确定"按钮即可。

8.1.3 选择并编辑表格

1. 选择单元格、整行、整列和整个表格

⊙ 选择单元格

选择"文字工具" T ，在要选取的单元格内单击，或选取单元格中的文本，选择"表 > 选择 > 单元格"命令，可选取单元格。

选择"文字工具" T ，在单元格中拖动，可选取需要的单元格。小心不要拖动行线或列线，否则会改变表格的大小。

⊙ 选择整行或整列

选择"文字工具" T ，在要选取的单元格内单击，或选取单元格中的文本，选择"表 > 选择 > 行或列"命令，可选取整行或整列。

选择"文字工具" T ，将鼠标指针移至表格中需要选取的列的上边缘，当鼠标指针变为↓形状时，如图8-55所示，单击选取整列，如图8-56所示。

选择"文字工具" T ，将鼠标指针移至表格中行的左边缘，当鼠标指针变为→形状时，如图8-57所示，单击选取整行，如图8-58所示。

用餐类型	第1周	第2周	第3周
堂食	928	2177	2269
外送	943	2045	2207
外带	947	2158	2205

图8-55

用餐类型	第1周	第2周	第3周
堂食	928	2177	2269
外送	943	2045	2207
外带	947	2158	2205

图8-56

用餐类型	第1周	第2周	第3周
堂食	928	2177	2269
外送	943	2045	2207
外带	947	2158	2205

图8-57

用餐类型	第1周	第2周	第3周
堂食	928	2177	2269
外送	943	2045	2207
外带	947	2158	2205

图8-58

⊙ 选择整个表格

选择"文字工具" T ，直接选取单元格中的文本或在要选取的单元格内单击插入光标，选择"表 > 选择 > 表"命令，或按Ctrl+Alt+A组合键，可选取整个表格。

选择"文字工具" T ，将鼠标指针移至表格的左上方，当鼠标指针变为↘形状时，如图8-59所示，单击选取整个表格，如图8-60所示。

2. 插入行和列

⊙ 插入行

选择"文字工具" T ，在要插入行的前一行或后一行
中的任意一个单元格中单击插入光标，如图 8-61 所示。

图 8-59

图 8-60

选择"表 > 插入 > 行"命令，或按 Ctrl+9 组合键，弹出"插入行"对话框，设置需要的数值，如
图 8-62 所示。单击"确定"按钮，效果如图 8-63 所示。

"插入"选项组：在"行数"数值框中输入需要插入的行数，并指定新行应该显示在当前行的上
方还是下方。

选择"文字工具" T ，在表格中的最后一个单元格中单击插入光标，如图 8-64 所示。按 Tab 键，
可插入一行，效果如图 8-65 所示。

图 8-61   图 8-62   图 8-63   图 8-64   图 8-65

⊙ 插入列

选择"文字工具" T ，在要插入列的前一列或后一列中的任意一个单元格中单击插入光标，如
图 8-66 所示。选择"表 > 插入 > 列"命令，或按 Ctrl+Alt+9 组合键，弹出"插入列"对话框，
设置需要的数值，如图 8-67 所示。单击"确定"按钮，效果如图 8-68 所示。

图 8-66   图 8-67   图 8-68

"插入"选项组：在"列数"数值框中输入需要插入的列数，并指定新列应该显示在当前列的左
侧还是右侧。

⊙ 插入多行和多列

选择"文字工具" T ，在表格中的任意一个单元格单击插入光标，如图 8-69 所示。选择"表 > 表
选项 > 表设置"命令，弹出"表选项"对话框，设置需要的数值，如图 8-70 所示。单击"确定"
按钮，效果如图 8-71 所示。

图 8-69   图 8-70   图 8-71

　　在"表尺寸"选项组中的"正文行""表头行""列""表尾行"数值框中输入新表的行数和列数，可将新行添加到表格的底部，新列则添加到表格的右侧。

　　选择"文字工具" T ，在表格中的任意一个单元格中单击插入光标，如图 8-72 所示。选择"窗口 > 文字和表 > 表"命令，或按 Shift+F9 组合键，弹出"表"面板，在 "正文行数"和"列数"数值框中分别输入需要的数值，如图 8-73 所示。按 Enter 键，效果如图 8-74 所示。

图 8-72　　　　　　　　　　　图 8-73　　　　　　　　　　　图 8-74

　⊙ 通过拖曳的方式插入行或列

　　选择"文字工具" T ，将鼠标指针放置在要插入列的前一列的框线处，鼠标指针变为↔形状，如图 8-75 所示，按住 Alt 键的同时向右拖曳鼠标指针，如图 8-76 所示。松开鼠标左键，效果如图 8-77 所示。

图 8-75　　　　　　　　　　　图 8-76　　　　　　　　　　　图 8-77

　　选择"文字工具" T ，将鼠标指针放置在要插入行的前一行的框线处，鼠标指针变为↕形状，如图 8-78 所示，按住 Alt 键的同时向下拖曳鼠标指针，如图 8-79 所示。松开鼠标左键，效果如图 8-80 所示。

图 8-78　　　　　　　　　　　图 8-79　　　　　　　　　　　图 8-80

　　对于横排表中表的上边缘或左边缘，或者对于直排表中表的上边缘或右边缘，不能通过拖曳来插入行或列，这些区域用于选择行或列。

3．删除行、列或表格

　　选择"文字工具" T ，在要删除的行、列或表格中单击，或选取表格中的文本。选择"表 > 删除 > 行、列或表"命令，删除行、列或表格。

　　选择"文字工具" T ，在表格中的任意一个单元格中单击插入光标。选择"表 > 表选项 > 表设置"命令，弹出"表选项"对话框，在"表尺寸"选项组中输入新的行数和列数，单击"确定"按钮，可删除行、列和表格。行从表格的底部被删除，列从表格的左侧被删除。

选择"文字工具" T ，将鼠标指针放置在表格的下边缘或右边缘上，当鼠标指针显示为 ↕ 或 ↔ 形状时，按住 Alt 键的同时向上拖曳或向左拖曳，可分别删除行或列。

8.1.4 设置表格的格式

1. 调整行、列或表格的大小

⊙ 调整行和列的大小

选择"文字工具" T ，在要调整行高或列宽的任意一个单元格中单击插入光标，如图 8-81 所示。选择"表 > 单元格选项 > 行和列"命令，弹出"单元格选项"对话框，在"行高"和"列宽"数值框中输入需要的行高和列宽数值，如图 8-82 所示。单击"确定"按钮，效果如图 8-83 所示。

| 图 8-81 | 图 8-82 | 图 8-83 |

选择"文字工具" T ，在行或列的任意一个单元格中单击插入光标，如图 8-84 所示。选择"窗口 > 文字和表 > 表"命令，或按 Shift+F9 组合键，弹出"表"面板，在"行高"和"列宽"数值框中分别输入需要的数值，如图 8-85 所示。按 Enter 键，效果如图 8-86 所示。

| 图 8-84 | 图 8-85 | 图 8-86 |

选择"文字工具" T ，将鼠标指针放置在列或行的边缘上，当鼠标指针变为 ↔ 或 ↕ 形状时，向左（或向右）拖曳以增加（或减小）列宽，向上（或向下）拖曳以增加（或减小）行高。

⊙ 在不改变表格大小的情况下调整行高和列宽

选择"文字工具"  ，将鼠标指针放置在要调整列宽的列边缘上，鼠标指针变为 ↔ 形状，如图 8-87 所示，按住 Shift 键的同时，向右（或向左）拖曳鼠标指针，如图 8-88 所示，可增大（或减小）列宽，效果如图 8-89 所示。

用餐类型	第1周	第2周	第3周
堂食	928	2177	2269
外送	943	2045	2207
外带	947	2158	2205

图 8-87

用餐类型	第1周	第2周	第3周
堂食	928	2177	2269
外送	943	2045	2207
外带	947	2158	2205

图 8-88

用餐类型	第1周	第2周	第3周
堂食	928	2177	2269
外送	943	2045	2207
外带	947	2158	2205

图 8-89

选择"文字工具" T，将鼠标指针放置在要调整行高的行边缘上，用相同的方法上下拖曳鼠标指针，可在不改变表高的情况下改变行高。

选择"文字工具" T，将鼠标指针放置在要调整行高的行边缘上，鼠标指针变为 ‡ 形状，如图 8-90 所示，按住 Shift 键向下（或向上）拖曳鼠标指针，如图 8-91 所示，可增大（或减小）行高，如图 8-92 所示。

用餐类型	第1周	第2周	第3周
堂食	928	2177	2269
外送	943	2045	2207
外带	947	2158	2205

图 8-90

用餐类型	第1周	第2周	第3周
堂食	928	2177	2269
外送	943	2045	2207
外带	947	2158	2205

图 8-91

用餐类型	第1周	第2周	第3周
堂食	928	2177	2269
外送	943	2045	2207
外带	947	2158	2205

图 8-92

选择"文字工具" T，将鼠标指针放置在要调整列宽的列边缘上，用相同的方法左右拖曳鼠标指针，可在不改变表宽的情况下改变列宽。

⊙ 调整整个表格的大小

选择"文字工具" T，将鼠标指针放置在表格的右下角，鼠标指针变为 ↘ 形状，如图 8-93 所示，向右下方（或向左上方）拖曳鼠标指针，如图 8-94 所示，可增大（或减小）表格，效果如图 8-95 所示。

用餐类型	第1周	第2周	第3周
堂食	928	2177	2269
外送	943	2045	2207
外带	947	2158	2205

图 8-93

用餐类型	第1周	第2周	第3周
堂食	928	2177	2269
外送	943	2045	2207
外带	947	2158	2205

图 8-94

用餐类型	第1周	第2周	第3周
堂食	928	2177	2269
外送	943	2045	2207
外带	947	2158	2205

图 8-95

⊙ 均匀分布行和列

使用"文字工具" T 选取要均匀分布的行中的单元格，如图 8-96 所示。选择"表 > 均匀分布行"命令，均匀分布选取的单元格所在的行，取消选取状态，效果如图 8-97 所示。

使用"文字工具" T 选取要均匀分布的列中的单元格，如图 8-98 所示。选择"表 > 均匀分布列"命令，均匀分布选取的单元格所在的列，取消选取状态，效果如图 8-99 所示。

用餐类型	第1周	第2周	第3周
堂食	928	2177	2269
外送	943	2045	2207
外带	947	2158	2205

图 8-96

用餐类型	第1周	第2周	第3周
堂食	928	2177	2269
外送	943	2045	2207
外带	947	2158	2205

图 8-97

用餐类型	第1周	第2周	第3周
堂食	928	2177	2269
外送	943	2045	2207
外带	947	2158	2205

图 8-98

用餐类型	第1周	第2周	第3周
堂食	928	2177	2269
外送	943	2045	2207
外带	947	2158	2205

图 8-99

2．设置表格中文本的格式

⊙ 更改单元格中文本的对齐方式

使用"文字工具" T 选取要更改文本对齐方式的单元格，如图 8-100 所示。选择"表 > 单元格

选项 > 文本"命令，弹出"单元格选项"对话框，如图 8-101 所示。在"垂直对齐"选项组中分别选取需要的对齐方式，单击"确定"按钮，效果如图 8-102 所示。

图 8-100

图 8-101

用餐类型	第 1 周	第 2 周	第 3 周
堂食	928	2177	2269
外送	943	2045	2207
外带	947	2158	2205

上对齐

用餐类型	第 1 周	第 2 周	第 3 周
堂食	928	2177	2269
外送	943	2045	2207
外带	947	2158	2205

居中对齐（原）

用餐类型	第 1 周	第 2 周	第 3 周
堂食	928	2177	2269
外送	943	2045	2207
外带	947	2158	2205

下对齐

用餐类型	第 1 周	第 2 周	第 3 周
堂食	928	2177	2269
外送	9 43	2045	2207
外带	947	2158	2205

撑满

图 8-102

⊙ 旋转单元格中的文本

使用"文字工具" T 选取要旋转文本的单元格，如图 8-103 所示。选择"表 > 单元格选项 > 文本"命令，弹出"单元格选项"对话框，在"文本旋转"选项组中的"旋转"下拉列表中选取需要的旋转角度，如图 8-104 所示。单击"确定"按钮，效果如图 8-105 所示。

用餐类型	第 1 周	第 2 周	第 3 周
堂食	928	2177	2269
外送	943	2045	2207
外带	947	2158	2205

图 8-103

图 8-104

用餐类型	第 1 周	第 2 周	第 3 周
堂食	928	2177	2269
外送	943	2045	2207
外带	∠ㄣ6	2158	2205

图 8-105

3. 合并和拆分单元格

⊙ 合并单元格

使用"文字工具" T 选取要合并的单元格，如图 8-106 所示。选择"表 > 合并单元格"命令，合并选取的单元格，取消单元格的选取状态，效果如图 8-107 所示。

选择"文字工具" T ，在合并后的单元格中单击插入光标，如图 8-108 所示。选择"表 > 取消合并单元格"命令，可取消单元格的合并，效果如图 8-109 所示。

图 8-106　　　　图 8-107　　　　图 8-108　　　　图 8-109

⊙ 拆分单元格

使用"文字工具" T 选取要拆分的单元格，如图 8-110 所示。选择"表 > 水平拆分单元格"命令，水平拆分选取的单元格，取消单元格的选取状态，效果如图 8-111 所示。

使用"文字工具" T 选取要拆分的单元格，如图 8-112 所示。选择"表 > 垂直拆分单元格"命令，垂直拆分选取的单元格，取消单元格的选取状态，效果如图 8-113 所示。

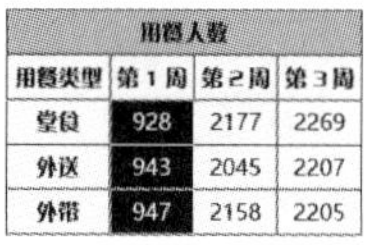

图 8-110　　　　图 8-111　　　　图 8-112　　　　图 8-113

8.1.5　表格的描边和填色

1. 更改表格边框的描边和填色

选择"文字工具" T ，在表格中单击插入光标，如图 8-114 所示。选择"表 > 表选项 > 表设置"命令，弹出"表选项"对话框，设置需要的数值，如图 8-115 所示。单击"确定"按钮，效果如图 8-116 所示。

图 8-114　　　　　　　　　图 8-115　　　　　　　　图 8-116

"表外框"选项组：指定表格边框的粗细、类型、颜色、色调和间隙颜色。

"保留本地格式"选项：勾选该复选框，个别单元格的描边格式不被覆盖。

2. 为单元格添加描边和填色

⊙ 使用"单元格选项"对话框添加描边和填色

选择"文字工具" $\boxed{T}$ ，在表格中选取需要的单元格，如图 8-117 所示。选择"表 > 单元格选项 > 描边和填色"命令，弹出"单元格选项"对话框，设置需要的数值，如图 8-118 所示。单击"确定"按钮，取消单元格的选取状态，效果如图 8-119 所示。

图 8-117　　　　　　　　　　　　图 8-118　　　　　　　　　　　　图 8-119

在"单元格描边"选项组的预览区域中单击蓝色线条，可以取消线条的选取状态，线条呈灰色状态时不能进行描边。在其他选项中指定线条所需的粗细、类型、颜色、色调和间隙颜色。

在"单元格填色"选项组中可以指定单元格所需的颜色和色调。

⊙ 使用"描边"面板添加描边

选择"文字工具" $\boxed{T}$ ，在表格中选取需要的单元格，如图 8-120 所示。选择"窗口 > 描边"命令，或按 F10 键，弹出"描边"面板，在预览区域中取消不需要添加描边的线条，其他选项的设置如图 8-121 所示。按 Enter 键，取消单元格的选取状态，效果如图 8-122 所示。

图 8-120　　　　　　　　　　　　图 8-121　　　　　　　　　　　　图 8-122

3. 为单元格添加对角线

选择"文字工具" $\boxed{T}$ ，在要添加对角线的单元格中单击插入光标，如图 8-123 所示。选择"表>

单元格选项 > 对角线"命令，弹出"单元格选项"对话框，设置需要的数值，如图 8-124 所示。单击"确定"按钮，效果如图 8-125 所示。

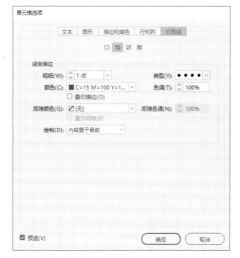

图 8-123　　　　　　　图 8-124　　　　　　　图 8-125

单击要添加的对角线的类型按钮："从左上角到右下角的对角线"按钮 、"从右上角到左下角的对角线"按钮 、"交叉对角线"按钮 。在"线条描边"选项组中可指定对角线的粗细、类型、颜色、色调、间隙颜色和间隙色调，以及指定"叠印描边"选项和"叠印间隙"选项。

"绘制"选项：选择"对角线置于最前"选项，可将对角线放置在单元格内容的前面；选择"内容置于最前"选项，可将对角线放置在单元格内容的后面。

4. 在表格中交替进行描边和填色

⊙ 为表格交替描边

选择"文字工具" ，在表格中单击插入光标，如图 8-126 所示。选择"表 > 表选项 > 交替行线"命令，弹出"表选项"对话框，在"交替模式"下拉列表中选取需要的模式，激活下方选项。设置需要的数值，如图 8-127 所示。单击"确定"按钮，效果如图 8-128 所示。

图 8-126　　　　　　　图 8-127　　　　　　　图 8-128

在"交替"选项组中为第一种模式和下一种模式指定填色选项。

在"跳过最前"和"跳过最后"选项中指定表的开始和结束处不显示描边属性的行数或列数。

选择"文字工具" T ，在表格中单击插入光标，选择"表 > 表选项 > 交替列线"命令，弹出"表选项"对话框，用相同的方法设置相关选项，可以为表格添加交替列线。

⊙ 为表格交替填色

选择"文字工具" T ，在表格中单击插入光标，如图 8-129 所示。选择"表 > 表选项 > 交替填色"命令，弹出"表选项"对话框，在"交替模式"下拉列表中选取需要的模式，激活下方选项。设置需要的数值，如图 8-130 所示。单击"确定"按钮，效果如图 8-131 所示。

图 8-129　　　　　　　　　图 8-130　　　　　　　　　图 8-131

⊙ 关闭表格中的交替填色

选择"文字工具" T ，在表格中单击插入光标，选择"表 > 表选项 > 交替填色"命令，弹出"表选项"对话框，在"交替模式"下拉列表中选取"无"选项，单击"确定"按钮，即可关闭表格中的交替填色。

8.2　图层的操作

在 InDesign 2020 中，通过使用多个图层，可以创建和编辑文档中的特定区域，而不会影响其他区域或其他图层的内容。下面介绍图层的使用方法和操作技巧。

8.2.1　创建图层并指定图层选项

选择"窗口 > 图层"命令，弹出"图层"面板，如图 8-132 所示。单击该面板右上方的 ☰ 图标，在弹出的菜单中选择"新建图层"命令，如图 8-133 所示，弹出"新建图层"对话框，如图 8-134 所示。设置需要的选项，单击"确定"按钮，"图层"面板如图 8-135 所示。

图 8-132 | 图 8-133

图 8-134 | 图 8-135

在"新建图层"对话框中，各选项的功能如下。

"名称"选项：输入图层的名称。

"颜色"选项：指定颜色以标识该图层上的对象。

"显示图层"复选框：使图层可见并可打印。与在"图层"面板中使眼睛图标 ● 可见的效果相同。

"显示参考线"复选框：使图层上的参考线可见。如果未勾选此复选框，即选择"视图 > 网格和参考线 > 显示参考线"命令，参考线将不可见。

"锁定图层"复选框：可以防止对图层上的任何对象进行更改。与在"图层"面板中使交叉铅笔图标可见的效果相同。

"锁定参考线"复选框：可以防止对图层上的所有标尺参考线进行更改。

"打印图层"复选框：可允许图层被打印。当打印或导出为 PDF 文件时，可以决定是否打印隐藏图层和非打印图层。

"图层隐藏时禁止文本绕排"复选框：在图层处于隐藏状态并且该图层包含应用了文本绕排的文本时，若勾选此复选框，可使其他图层上的文本正常排列。

在"图层"面板中单击"创建新图层"按钮 ⊡，可以创建新图层。双击该图层，弹出"图层选项"对话框，设置需要的选项，单击"确定"按钮，可编辑图层。

若要在选定图层下方创建一个新图层，按住 Ctrl 键的同时，单击"创建新图层"按钮 ⊡ 即可。

8.2.2 在图层上添加对象

在"图层"面板中选取要添加对象的图层，使用"置入"命令可以在选取的图层上添加对象。直接在页面中绘制需要的图形，也可添加对象。

在隐藏或锁定的图层上是无法绘制或置入新对象的。

8.2.3　编辑图层上的对象

1．选择图层上的对象

使用"选择工具" ▶ 可选取任意图层上的图形对象。

按住 Alt 键的同时，单击"图层"面板中的图层，可选取当前图层上的所有对象。

2．移动图层上的对象

使用"选择工具" ▶ 选取要移动的对象，如图 8-136 所示。在"图层"面板中拖曳图层右侧的彩色点到目标图层，如图 8-137 所示，将选定对象移动到目标图层。当再次选取对象时，选取状态如图 8-138 所示，"图层"面板如图 8-139 所示。

图 8-136　　　　　　图 8-137　　　　　　图 8-138　　　　　　图 8-139

使用"选择工具" ▶ 选取要移动的对象，如图 8-140 所示。按 Ctrl+X 组合键，剪切图形，在"图层"面板中选取要移动到的目标图层，如图 8-141 所示，按 Ctrl+V 组合键，粘贴图形，效果如图 8-142 所示。

图 8-140　　　　　　　图 8-141　　　　　　　图 8-142

3．复制图层上的对象

使用"选择工具" ▶ 选取要复制的对象，如图 8-143 所示。按住 Alt 键的同时，在"图层"面板中拖曳图层右侧的彩色点到目标图层，如图 8-144 所示。将选定对象复制到目标图层，稍微移动复制得到的图形，效果如图 8-145 所示。

图 8-143　　　　　　　图 8-144　　　　　　　图 8-145

> 按住 Ctrl 键的同时，拖曳图层右侧的彩色点，可将选定的对象移动到隐藏或锁定的图层；按
> 住 Ctrl+Alt 组合键的同时，拖曳图层右侧的彩色点，可将选定对象复制到隐藏或锁定的图层。

8.2.4 更改图层的顺序

在"图层"面板中选取要调整的图层，如图 8-146 所示。拖曳图层到需要的位置，如图 8-147 所示，松开鼠标左键。效果如图 8-148 所示。

图 8-146　　　　　　　　图 8-147　　　　　　　　图 8-148

也可同时选取多个图层，调整图层的顺序。

8.2.5 显示或隐藏图层

在"图层"面板中选取要隐藏的图层，如图 8-149 所示，原效果如图 8-150 所示。单击图层左侧的眼睛图标 ，隐藏该图层，"图层"面板如图 8-151 所示，效果如图 8-152 所示。

图 8-149　　　　　图 8-150　　　　　图 8-151　　　　　图 8-152

在"图层"面板中选取要显示的图层，如图 8-153 所示，原效果如图 8-154 所示。单击面板右上方的 ≡ 图标，在弹出的菜单中选择"隐藏其他"命令，可隐藏除选取图层外的所有图层。"图层"面板如图 8-155 所示，效果如图 8-156 所示。

图 8-153　　　　　图 8-154　　　　　图 8-155　　　　　图 8-156

在"图层"面板中单击右上方的 ≡ 图标，在弹出的菜单中选择"显示全部图层"命令，可显示所有图层。

隐藏的图层不能编辑，且不会显示在屏幕上，打印时也不会显示。

8.2.6　锁定或解锁图层

在"图层"面板中选取要锁定的图层，如图 8-157 所示。单击图层左侧的空白方格 ，如图 8-158 所示，显示锁定图标 🔒，锁定图层，"图层"面板如图 8-159 所示。

图 8-157　　　　　　　　　　　图 8-158　　　　　　　　　　　图 8-159

在"图层"面板中选取不需要锁定的图层，如图 8-160 所示。单击"图层"面板右上方的 ≡ 图标，在弹出的菜单中选择"锁定其他"命令，可锁定除选取图层外的所有图层，"图层"面板如图 8-161 所示。

图 8-160　　　　　　　　　　　图 8-161

在"图层"面板中单击右上方的 ≡ 图标，在弹出的菜单中选择"解锁全部图层"命令，可解除所有图层的锁定状态。

8.2.7　删除图层

在"图层"面板中选取要删除的图层，如图 8-162 所示，原效果如图 8-163 所示。单击该面板下方的"删除选定图层"按钮 🗑，删除选取的图层，"图层"面板如图 8-164 所示，效果如图 8-165 所示。

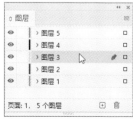　　　

图 8-162　　　　　　图 8-163　　　　　　图 8-164　　　　　　图 8-165

在"图层"面板中选取要删除的图层，单击该面板右上方的 ≡ 图标，在弹出的菜单中选择"删除图层‘×××’"（×××为图层名称）命令，可删除选取的图层。

按住 Ctrl 键的同时，在"图层"面板中选取多个要删除的图层，然后单击该面板中的"删除选定图层"按钮 🗑 或使用面板菜单中的"删除图层‘×××’"命令，可删除多个图层。

> 要删除所有空图层，可单击"图层"面板右上方的 ≡ 图标，在弹出的菜单中选择"删除未使用的图层"命令。

课堂练习——制作旅游广告

🔗 练习知识要点

使用"置入"命令添加底图，使用"直排文字工具""字符"面板添加并编辑广告语，使用"插入表"命令和"表"面板添加并编辑表格，使用"合并单元格"命令合并选取的单元格。旅游广告效果如图 8-166 所示。

◎ 效果所在位置

云盘 > Ch08 > 效果 > 制作旅游广告.indd。

图 8-166

微课

制作旅游广告

课后习题——制作木雕广告

🔗 习题知识要点

使用"图层"面板创建多个图层，使用"置入"命令、"矩形工具""效果"面板和"投影"命令制作广告背景，使用"直排文字工具""文字工具""字符"面板添加广告语和介绍性文字，使用"椭圆工具""矩形工具""角选项"命令绘制装饰图形，使用"字形"面板插入需要的字形。木雕广告效果如图 8-167 所示。

图 8-167

 效果所在位置

云盘 > Ch08 > 效果 > 制作木雕广告.indd。

09

第 9 章
页面编排

本章主要介绍在 InDesign 2020 中编排页面的方法，讲解页面、跨页和主页的概念，以及页码、章节编号的设置方法和"页面"面板的使用方法。通过本章的学习，读者可以熟练地编排页面，减少不必要的重复工作，使排版工作变得更加高效。

学习目标

- ✔ 掌握版面布局的使用方法。
- ✔ 掌握主页的使用技巧。

技能目标

- ✔ 掌握美妆杂志封面的制作方法。
- ✔ 掌握美妆杂志内页的制作方法。

素养目标

- ✔ 培养信息优化能力。
- ✔ 提高版式审美水平。

9.1 版面布局

InDesign 2020 的版面布局包括基本布局和精确布局两种。建立新文档，设置页面、版心和分栏，指定出血和辅助信息区等为基本布局。使用标尺、网格和参考线等给出对象的精确位置为精确布局。

9.1.1 课堂案例——制作美妆杂志封面

案例学习目标

学习使用"文字工具""字符"面板、"段落"面板和填充工具制作美妆杂志封面。

案例知识要点

使用"置入"命令、"选择工具"置入并裁切图片，使用"文字工具""投影"命令、"字形"面板添加杂志名称及刊期，使用"文字工具""字符"面板、"段落"面板和填充工具添加其他相关信息，使用"矩形工具""角选项"命令制作装饰图形。美妆杂志封面效果如图 9-1 所示。

效果所在位置

云盘 > Ch09 > 效果 > 制作美妆杂志封面.indd。

图 9-1

1. 添加杂志名称和刊期

（1）选择"文件 > 新建 > 文档"命令，弹出"新建文档"对话框，选项的设置如图 9-2 所示。单击"边距和分栏"按钮，弹出"新建边距和分栏"对话框，选项的设置如图 9-3 所示。单击"确定"按钮，新建一个文档。选择"视图 > 其他 > 隐藏框架边缘"命令，将所绘图形的框架边缘隐藏。

图 9-2

图 9-3

（2）选择"文件 > 置入"命令，弹出"置入"对话框，选择云盘中的"Ch09 > 素材 > 制作美妆杂志封面 > 01"文件，单击"打开"按钮，在页面空白处单击以置入图片。选择"自由变换工具"

， 将图片拖曳到适当的位置并调整其大小，效果如图 9-4 所示。

（3）保持图片处于选取状态。使用"选择工具" ，选中限位框左侧中间的控制点，并将其向右拖曳到适当的位置，裁切图片，效果如图 9-5 所示。使用相同的方法继续进行裁切，效果如图 9-6 所示。按 Ctrl+L 组合键，锁定所选图片。

（4）选取并复制记事本文档中需要的文字。返回到 InDesign 页面中，选择"文字工具" T，在适当的位置拖曳出一个文本框，将复制的文字粘贴到文本框中。将输入的文字选取，在控制面板中选择合适的字体并设置文字大小，效果如图 9-7 所示。在控制面板中将"水平缩放"设置为 80%；按 Enter 键，效果如图 9-8 所示。设置填充色的 CMYK 值为 0、100、45、0，填充文字，效果如图 9-9 所示。

图 9-4 　　　　图 9-5 　　　　图 9-6 　　　　图 9-7 　　　　图 9-8 　　　　图 9-9

（5）使用"选择工具" 选取文字，单击控制面板中的"向选定的目标添加对象效果"按钮 fx，在弹出的菜单中选择"投影"命令，弹出"效果"对话框，选项的设置如图 9-10 所示。单击"确定"按钮，效果如图 9-11 所示。

图 9-10 　　　　　　　　　　　　　图 9-11

（6）分别选取并复制记事本文档中需要的文字。返回到 InDesign 页面中，选择"文字工具" T，在适当的位置分别拖曳出文本框，将复制的文字粘贴到文本框中。分别将输入的文字选取，在控制面板中分别选择合适的字体并设置文字大小，效果如图 9-12 所示。

图 9-12

（7）选择"文字工具" T，在"颜"文字右侧单击插入光标，如图 9-13 所示。选择"文字 > 字形"命令，弹出"字形"面板，在该面板中设置需要的字体和字体样式，在需要的字形上双击，如图 9-14 所示。在文本框中插入字形，效果如图 9-15 所示。

图 9-13

图 9-14

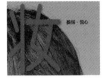

图 9-15

（8）选择"文件 > 置入"命令，弹出"置入"对话框。选择云盘中的"Ch09 > 素材 > 制作美妆杂志封面 > 02"文件，单击"打开"按钮，在页面空白处单击以置入图片。选择"自由变换工具" ，将图片拖曳到适当的位置并调整其大小，使用"选择工具" 裁切图片，效果如图 9-16 所示。

（9）选取并复制记事本文档中需要的文字。返回到 InDesign 页面中，选择"文字工具" T ，在适当的位置拖曳出一个文本框，将复制的文字粘贴到文本框中。将输入的文字选取，在控制面板中选择合适的字体并设置文字大小，填充文字为白色，效果如图 9-17 所示。

（10）在控制面板中单击"居中对齐"按钮 ，文字对齐效果如图 9-18 所示。使用"文字工具" T 选取文字"美丽"，在控制面板中选择合适的字体，效果如图 9-19 所示。

图 9-16   图 9-17   图 9-18   图 9-19

2．添加栏目名称

（1）分别选取并复制记事本文档中需要的文字。返回到 InDesign 页面中，选择"文字工具" T ，在适当的位置分别拖曳出文本框，将复制的文字粘贴到文本框中。分别将输入的文字选取，在控制面板中分别选择合适的字体并设置文字大小，效果如图 9-20 所示。选取文字"彩色美妆"，填充文字为白色，效果如图 9-21 所示。

图 9-20   图 9-21

（2）选择"选择工具" ，按住 Shift 键的同时，选取需要的文字。单击工具箱中的"格式针对文本"按钮 T ，设置填充色的 CMYK 值为 0、100、45、0，填充文字，效果如图 9-22 所示。

（3）选择"选择工具" ▶，按住 Shift 键的同时，单击上方需要的文字将其同时选取。按 Shift + F7 组合键，弹出"对齐"面板，单击"水平居中对齐"按钮 ☲，如图 9-23 所示，对齐效果如图 9-24 所示。

图 9-22　　　　　　　　　图 9-23　　　　　　　　　图 9-24

（4）选择"椭圆工具" ◯，按住 Shift 键的同时，在适当的位置拖曳鼠标指针，绘制一个圆形，填充图形为白色，并在控制面板中将"描边粗细"设置为 0.5 点，按 Enter 键，效果如图 9-25 所示。

（5）选取并复制记事本文档中需要的文字。返回到 InDesign 页面中，选择"文字工具" T，在适当的位置拖曳出一个文本框，将复制的文字粘贴到文本框中。将输入的文字选取，在控制面板中选择合适的字体并设置文字大小，效果如图 9-26 所示。

（6）在控制面板中单击"居中对齐"按钮 ☰，文字对齐效果如图 9-27 所示。使用"文字工具" T 选取文字"珍藏版"，在控制面板中选择合适的字体并设置文字大小，效果如图 9-28 所示。

图 9-25　　　　　　图 9-26　　　　　　图 9-27　　　　　　图 9-28

（7）选择"选择工具" ▶，按住 Shift 键的同时，单击下方圆形将其同时选取，连续按 Ctrl+[组合键，将图形向后移动到适当的位置，效果如图 9-29 所示。

（8）分别选取并复制记事本文档中需要的文字。返回到 InDesign 页面中，选择"文字工具" T，在适当的位置分别拖曳出文本框，将复制的文字粘贴到文本框中。分别将输入的文字选取，在控制面板中分别选择合适的字体并设置文字大小，填充文字为白色，效果如图 9-30 所示。

（9）使用"选择工具" ▶ 选取需要的文字，单击工具箱中的"格式针对文本"按钮 T，设置填充色的 CMYK 值为 0、100、45、0，填充文字，效果如图 9-31 所示。选择"文字工具" T，在"高"文字左侧单击插入光标，如图 9-32 所示。

图 9-29　　　　　　图 9-30　　　　　　图 9-31　　　　　　图 9-32

（10）选择"文字 > 字形"命令，弹出"字形"面板，在该面板下方设置需要的字体和字体样式，在需要的字形上双击，弹出图 9-33 所示的"字形"文本框，在文本框中插入字形，效果如图 9-34 所示。

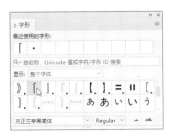

图 9-33

图 9-34

（11）保持光标处于插入状态。按 Ctrl+T 组合键，弹出"字符"面板，将"字偶间距"设置为 -300，如图 9-35 所示。按 Enter 键，效果如图 9-36 所示。用相同的方法插入其他字形，并设置字偶间距，效果如图 9-37 所示。

图 9-35

图 9-36

图 9-37

（12）使用"文字工具" T 选取文字"夏季彩妆术"，按 Ctrl+Alt+T 组合键，弹出"段落"面板，选项的设置如图 9-38 所示。按 Enter 键，效果如图 9-39 所示。

（13）分别选取并复制记事本文档中需要的文字。

图 9-38

图 9-39

返回到 InDesign 页面中，选择"文字工具" T ，在适当的位置分别拖曳出文本框，将复制的文字粘贴到文本框中。分别将输入的文字选取，在控制面板中分别选择合适的字体并设置文字大小，效果如图 9-40 所示。

（14）使用"选择工具" ▶ 将输入的文字同时选取，单击工具箱中的"格式针对文本"按钮 T ，设置填充色的 CMYK 值为 0、100、45、0，填充文字，效果如图 9-41 所示。使用"文字工具" T 选取文字"只要+1 技巧！"，在控制面板中设置文字大小，填充文字为白色，效果如图 9-42 所示。

图 9-40

图 9-41

图 9-42

（15）用相同的方法输入其他栏目文字，并填充相应的颜色，效果如图 9-43 所示。选择"矩形工具" □ ，在适当的位置拖曳鼠标指针，绘制一个矩形，填充图形为白色，并设置描边色为无，效果如图 9-44 所示。

（16）保持图形处于选取状态。选择"对象 > 角选项"命令，在弹出的对话框中进行设置，如图9-45 所示。单击"确定"按钮，效果如图 9-46 所示。

图 9-43

图 9-44

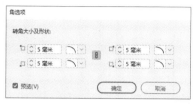
图 9-45

图 9-46

（17）选择"文字工具"$\boxed{T}$，在矩形上拖曳出一个文本框，输入需要的文字并选取文字，在控制面板中选择合适的字体并设置文字大小。设置填充色的 CMYK 值为 0、100、45、0，填充文字，效果如图 9-47 所示。在页面空白处单击，取消文字的选取状态，美妆杂志封面制作完成，效果如图 9-48 所示。

图 9-47

图 9-48

9.1.2 设置基本布局

1. 文档窗口一览

在文档窗口中新建一个页面，如图 9-49 所示。

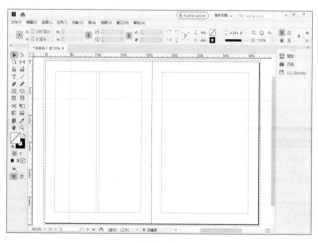
图 9-49

页面的结构性区域由以下颜色标出。

黑色线标明了跨页中每个页面的尺寸。细的阴影有助于从粘贴板中区分出跨页。

页面外的红色线与黑色线之间的区域为出血区域。

红色出血线以外代表辅助信息区域。

品红色的线是边距参考线（或称版心线）。

紫色线是栏参考线。

其他颜色的线条是辅助线。在辅助线被选取的情况下，辅助线的颜色显示为所在图层的颜色。

选择"编辑 > 首选项 > 参考线和粘贴板"命令，弹出"首选项"对话框，如图9-50所示。

图 9-50

在该对话框中，用户可以设置页边距参考线和栏参考线的颜色，以及粘贴板上出血和辅助信息区域参考线的颜色；还可以就对象需要距离参考线多近才能靠齐参考线、参考线显示在对象之前还是之后以及粘贴板的大小进行设置。

2. 更改文档设置

选择"文件 > 文档设置"命令，弹出"文档设置"对话框，单击"出血和辅助信息区"选项组左侧的箭头按钮 ，展开"出血和辅助信息区"选项组，如图9-51所示。单击"调整版面"按钮，弹出"调整版面"对话框，如图9-52所示。设置文档选项，单击"确定"按钮，即可更改文档设置。

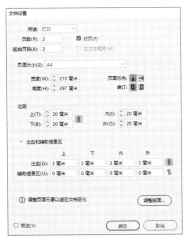

图 9-51

图 9-52

勾选"自动调整边距以适应页面大小的变化"复选框，可以按设置的页面大小自动调整边距。

3．更改页边距和分栏

在"页面"面板中选择要修改的跨页或页面，选择"版面 > 边距和分栏"命令，弹出"边距和分栏"对话框，如图 9-53 所示。

图 9-53

"边距"选项组：指定边距参考线到页面的各个边缘的距离。

"栏"选项组：在"栏数"数值框中可输入要在边距参考线内创建的分栏的数目，在"栏间距"数值框中可输入栏间的宽度值。

"排版方向"选项：在其下拉列表中可选择"水平"或"垂直"选项来指定栏的方向。

"调整版面"复选框：勾选此复选框，下方选项将被激活，用于调整文档版面中的页面元素。

"调整字体大小"复选框：勾选此复选框，可以按设置的页面大小和边距来修改文档中的字体大小。

"设置字体大小限制"复选框：勾选此复选框，可以定义字体大小的上限值和下限值。

"调整锁定的内容"复选框：勾选此复选框，可以调整版面中锁定的内容。

4．设置不相等栏宽

在"页面"面板中选择要修改的跨页或页面，如图 9-54 所示。选择"视图 > 网格和参考线 > 锁定栏参考线"命令，解除栏参考线的锁定。使用"选择工具" ▶ 选取需要的栏参考线，将其拖曳到适当的位置，如图 9-55 所示。松开鼠标左键，效果如图 9-56 所示。

图 9-54　　　　　　　图 9-55　　　　　　　图 9-56

9.1.3　版面精确布局

1．标尺和度量单位

用户可以为水平标尺和垂直标尺设置不同的度量系统。为水平标尺设置的度量系统将控制制表符、边距、缩进和其他度量。标尺的默认度量单位是毫米。图 9-57 所示为大刻度线、小刻度线和刻度读数。

　　用户可以为屏幕上的标尺及面板和对话框设置度量单位。选择"编辑 > 首选项 > 单位和增量"命令，弹出"首选项"对话框，如图 9-58 所示，设置需要的度量单位，单击"确定"按钮。

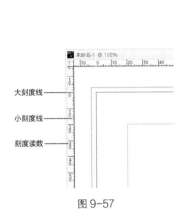

图 9-57

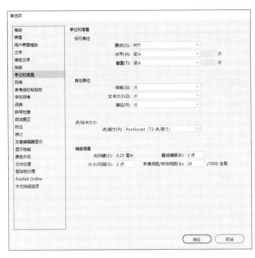

图 9-58

　　在标尺上单击鼠标右键，在弹出的快捷菜单中选择单位可更改标尺单位。在水平标尺和垂直标尺的交叉点处单击鼠标右键，可以为两个标尺更改标尺单位。

2. 网格

　　选择"视图 > 网格和参考线 > 显示或隐藏文档网格"命令，可显示或隐藏文档网格。

　　选择"编辑 > 首选项 > 网格"命令，弹出"首选项"对话框，如图 9-59 所示，在其中可设置需要的网格选项。

图 9-59

　　选择"视图 > 网格和参考线 > 靠齐文档网格"命令，将对象拖向网格，对象的一角将与网格 4 个角中的一个靠齐。按住 Ctrl 键的同时，可以靠齐网格网眼的 9 个特殊位置。

3. 标尺参考线

⊙ 创建标尺参考线

将鼠标指针定位到水平标尺上，如图 9-60 所示，拖曳到目标跨页上需要的位置，松开鼠标左键，创建标尺参考线，如图 9-61 所示。如果将参考线拖曳到粘贴板上，它将跨越该粘贴板和跨页，如图 9-62 所示；如果将它拖曳到页面上，它将变为页面参考线。

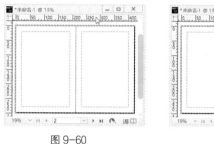

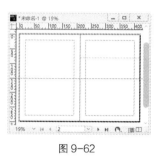

图 9-60 　　　　　　　　　图 9-61 　　　　　　　　　图 9-62

按住 Ctrl 键的同时，从水平（或垂直）标尺拖曳到目标跨页，可以在粘贴板不可见时创建跨页参考线。双击水平（或垂直）标尺上的特定位置，可在不拖曳的情况下创建跨页参考线。如果要将参考线与最近的刻度线对齐，可在双击标尺时按住 Shift 键。

选择"版面 > 创建参考线"命令，弹出"创建参考线"对话框，设置需要的选项，如图 9-63 所示。单击"确定"按钮，效果如图 9-64 所示。

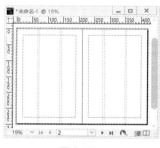

图 9-63 　　　　　　　　　　　　图 9-64

"行数"和"栏数"选项：指定要创建的行或栏的数目。

"行间距"和"栏间距"选项：指定行或栏的间距。

创建的栏在置入文本文件时不能控制文本的排列方式。

在"参考线适合"选项中，选择"边距"单选项可在版心区域创建参考线，选择"页面"单选项可在页面内创建参考线。

"移去现有标尺参考线"复选框：勾选此复选框，可删除任何现有参考线（包括锁定或隐藏图层上的参考线）。

⊙ 编辑标尺参考线

选择"视图>网格和参考线>显示或隐藏参考线"命令，可显示或隐藏所有边距参考线、栏参考线和标尺参考线。选择"视图>网格和参考线>锁定参考线"命令，可锁定参考线。

按 Ctrl+Alt+G 组合键，可选择目标跨页上的所有标尺参考线。选择一个或多个标尺参考线，按 Delete 键，可删除参考线。也可以拖曳标尺参考线到标尺上，将其删除。

9.2 使用主页

主页相当于一个可以快速应用到多个页面的背景。主页上的对象将显示在应用该主页的所有页面上，且显示在页面中同一图层的对象之后。对主页进行的更改将自动应用到关联的页面。

9.2.1 课堂案例——制作美妆杂志内页

案例学习目标

学习使用"置入"命令置入素材图片，使用"页面"面板编辑页面，使用"文字工具""段落"面板制作美妆杂志内页。

案例知识要点

使用"页码和章节选项"命令更改起始页码，使用"当前页码"命令添加自动的页码，使用"文字工具"和填充工具添加标题及杂志内容，使用"段落样式"面板设置文字样式，使用"边距和分栏"命令调整版面。美妆杂志内页效果如图 9-65 所示。

效果所在位置

云盘 > Ch09 > 效果 > 制作美妆杂志内页.indd。

图 9-65

1. 制作主页内容

（1）选择"文件 > 新建 > 文档"命令，弹出"新建文档"对话框，选项的设置如图 9-66 所示。单击"边距和分栏"按钮，弹出"新建边距和分栏"对话框，选项的设置如图 9-67 所示，单击"确定"按钮，新建一个文档。选择"视图 > 其他 > 隐藏框架边缘"命令，将所绘图形的框架边缘隐藏。

（2）选择"窗口 > 页面"命令，弹出"页面"面板，按住 Shift 键的同时，单击所有页面的图标，将其全部选取，如图 9-68 所示。单击该面板右上方的 ≡ 图标，在弹出的菜单中取消选择"允许选定的跨页随机排布"命令，如图 9-69 所示。

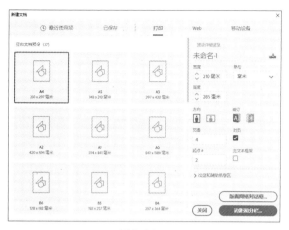

图 9-66　　　　　　　　　　　　　　　　　图 9-67

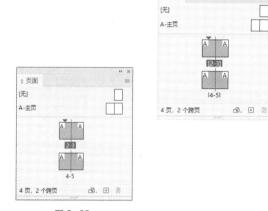

图 9-68　　　　　　　　　　　　　　　图 9-69

（3）双击第二页的页面图标，如图 9-70 所示。选择"版面 > 页码和章节选项"命令，弹出"页码和章节选项"对话框，选项的设置如图 9-71 所示。单击"确定"按钮，"页面"面板如图 9-72 所示。

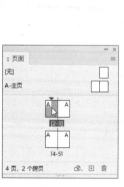

图 9-70　　　　　　　　　图 9-71　　　　　　　　　图 9-72

（4）在状态栏中单击"文档所属页面"选项右侧的 ∨ 按钮，在弹出的下拉

图 9-73

列表中选择"A-主页"选项。按 Ctrl+R 组合键，显示标尺。选择"选择工具" ▶，在页面中拖曳出一条水平参考线，在控制面板中将"Y"设置为 280 毫米，如图 9-73 所示。按 Enter 键确认操作，效果如图 9-74 所示。

（5）选择"选择工具" ▶，在页面中拖曳出一条垂直参考线，在控制面板中将"X"设置为 5 毫米，如图 9-75 所示。按 Enter 键确认操作，效果如图 9-76 所示。保持参考线处于选取状态，并在控制面板中将"X"设置为 415 毫米；按 Alt+Enter 组合键确认操作，效果如图 9-77 所示。选择"视图 > 网格和参考线 > 锁定参考线"命令，将参考线锁定。

图 9-74　　　　　　　图 9-75　　　　　　　图 9-76　　　　　　　图 9-77

（6）选择"文字工具" T，在页面左上角拖曳出两个文本框，输入需要的文字。将输入的文字选取，在控制面板中分别选择合适的字体并设置文字大小，取消文字的选取状态，效果如图 9-78 所示。

（7）使用"选择工具" ▶ 选取文字"女装篇"，单击工具箱中的"格式针对文本"按钮 T，设置填充色的 CMYK 值为 0、68、100、43，填充文字，效果如图 9-79 所示。

（8）选择"直线工具" ／，按住 Shift 键的同时，在适当的位置拖曳鼠标指针，绘制一条竖线。在控制面板中将"描边粗细"设置为 0.5 点，按 Enter 键，效果如图 9-80 所示。

（9）选择"文字工具" T，在跨页右上角拖曳出一个文本框，输入需要的文字。将输入的文字选取，在控制面板中选择合适的字体并设置文字大小，效果如图 9-81 所示。

图 9-78　　　　　　　图 9-79　　　　　　　图 9-80　　　　　　　图 9-81

（10）选择"矩形工具" ▢，按住 Shift 键的同时，在页面左下角绘制一个正方形，设置填充色的 CMYK 值为 0、68、100、43，填充图形，并设置描边色为无，效果如图 9-82 所示。在控制面板中将"旋转角度"设置为 45°，按 Enter 键，效果如图 9-83 所示。

（11）选择"对象 > 角选项"命令，在弹出的对话框中进行设置，如图 9-84 所示。单击"确定"按钮，效果如图 9-85 所示。

图 9-82　　　　　　　图 9-83　　　　　　　图 9-84　　　　　　　图 9-85

（12）选择"文字工具"$\boxed{T}$，在适当的位置拖曳出一个文本框，按 Ctrl+Alt+Shift+N 组合键，在文本框中添加自动的页码，如图 9-86 所示。将添加的页码选取，在控制面板中选择合适的字体并设置文字大小，效果如图 9-87 所示。

（13）使用"选择工具"$\blacktriangleright$选取页码，选择"对象 > 适合 > 使框架适合内容"命令，使文本框适合文字，如图 9-88 所示。

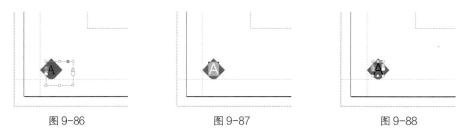

图 9-86   图 9-87   图 9-88

（14）选择"选择工具"$\blacktriangleright$，用框选的方法将图形和页码全部选取，按 Ctrl+G 组合键，将其编组，如图 9-89 所示。按住 Alt+Shift 组合键的同时，向右拖曳组合到跨页上适当的位置，复制页码，效果如图 9-90 所示。

（15）单击"页面"面板右上方的≡图标，在弹出的菜单中选择"直接复制主页跨页'A-主页'"命令，将"A-主页"的内容直接复制到自动创建的"B-主页"中，"页面"面板如图 9-91 所示，页面效果如图 9-92 所示。

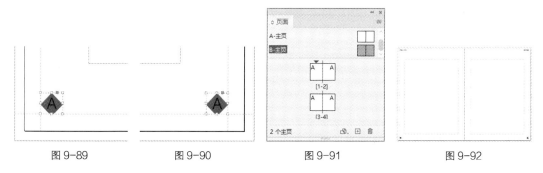

图 9-89   图 9-90   图 9-91   图 9-92

（16）选择"版面 > 边距和分栏"命令，弹出"边距和分栏"对话框，选项的设置如图 9-93 所示。单击"确定"按钮，页面如图 9-94 所示。

图 9-93

图 9-94

（17）放大显示视图。使用"文字工具" T 选取文字"女装篇"，如图 9-95 所示。重新输入需要的文字，如图 9-96 所示。使用"选择工具" ▶ 选取文字，单击工具箱中的"格式针对文本"按钮 T，设置填充色的 CMYK 值为 0、100、100、43，填充文字，效果如图 9-97 所示。

图 9-95   图 9-96   图 9-97

（18）调整显示视图。使用"直接选择工具" ▷ 选取菱形，如图 9-98 所示。设置填充色的 CMYK 值为 0、100、100、43，填充图形，效果如图 9-99 所示。用相同的方法修改跨页上菱形的颜色，效果如图 9-100 所示。

图 9-98   图 9-99   图 9-100

（19）单击"页面"面板右上方的 ≡ 图标，在弹出的菜单中选择"将主页应用于页面"命令，如图 9-101 所示。在弹出的对话框中进行设置，如图 9-102 所示。单击"确定"按钮，"页面"面板如图 9-103 所示。

图 9-101   图 9-102   图 9-103

2. 制作内页 1 和内页 2

（1）在状态栏中单击"文档所属页面"选项右侧的 ⌄ 按钮，在弹出的下拉列表中选择"1"选项。选择"文件 > 置入"命令，弹出"置入"对话框。选择云盘中的"Ch09 > 素材 > 制作美妆杂志内页 > 01"文件，单击"打开"按钮，在页面空白处单击以置入图片。选择"自由变换工具" ⊡，拖曳图片到适当的位置并调整其大小，使用"选择工具" ▶ 裁切图片，效果如图 9-104 所示。

（2）在"页面"面板中双击选取页面"1"，单击"页面"面板右上方的 ≡ 图标，在弹出的菜单中选择"覆盖所有主页项目"命令，将主页项目覆盖到页面中。按 Ctrl+Shift+[组合键，将图片置于底层，效果如图 9-105 所示。

图 9-104　　　　　　　　　　　　　图 9-105

（3）选择"矩形工具" ，在适当的位置拖曳鼠标指针，绘制一个矩形，填充图形为白色。在控制面板中将"描边粗细"设置为 0.5 点，按 Enter 键，效果如图 9-106 所示。

（4）选择"文字工具" T，在适当的位置拖曳出一个文本框，输入需要的文字并选取文字。在控制面板中选择合适的字体并设置文字大小，效果如图 9-107 所示。

（5）选择"椭圆工具" ◯，按住 Shift 键的同时，在适当的位置拖曳鼠标指针，绘制一个圆形。按 Shift+X 组合键，互换填充色和描边色，取消圆形的选取状态，效果如图 9-108 所示。

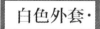

图 9-106　　　　　　　　图 9-107　　　　　　　　图 9-108

（6）选择"钢笔工具" ，在适当的位置绘制一条折线，如图 9-109 所示。选择"窗口 > 描边"命令，弹出"描边"面板，在"终点箭头"下拉列表中选择"实心圆"选项，其他选项的设置如图 9-110 所示。按 Enter 键，效果如图 9-111 所示。

图 9-109　　　　　　　　图 9-110　　　　　　　　图 9-111

（7）选择"选择工具" ▶，按住 Shift 键的同时，依次单击图形和文字将其同时选取。按住 Alt+Shift 组合键的同时，垂直向下拖曳图形和文字到适当的位置，复制图形和文字，效果如图 9-112 所示。选择"文字工具" T，选取并重新输入需要的文字，效果如图 9-113 所示。

（8）选择"文字工具" [T]，在适当的位置拖曳出一个文本框，输入需要的文字并选取文字。在控制面板中选择合适的字体并设置文字大小，效果如图 9-114 所示。

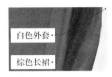

图 9-112　　　　　　　　　图 9-113　　　　　　　　　图 9-114

（9）用相同的方法再绘制一条折线，并设置相同的终点，效果如图 9-115 所示。分别选取并复制记事本文档中需要的文字。返回到 InDesign 页面中，选择"文字工具" [T]，在适当的位置分别拖曳出文本框，将复制的文字粘贴到文本框中。分别将输入的文字选取，在控制面板中分别选择合适的字体并设置文字大小，效果如图 9-116 所示。

（10）选取并复制记事本文档中需要的文字。返回到 InDesign 页面中，选择"文字工具" [T]，在左下角拖曳出一个文本框，将复制的文字粘贴到文本框中。将输入的文字选取，在控制面板中选择合适的字体并设置文字大小，填充文字为白色，效果如图 9-117 所示。

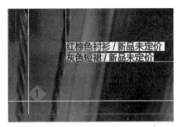

图 9-115　　　　　　　　　图 9-116　　　　　　　　　图 9-117

（11）在"页面"面板中双击选取页面"2"，选择"版面 > 边距和分栏"命令，弹出"边距和分栏"对话框，选项的设置如图 9-118 所示。单击"确定"按钮，页面效果如图 9-119 所示。

图 9-118　　　　　　　　　　　　　　　　图 9-119

（12）选取并复制记事本文档中需要的文字。返回到 InDesign 页面中，选择"文字工具" [T]，在适当的位置拖曳出一个文本框，将复制的文字粘贴到文本框中。将输入的文字选取，在控制面板中选择合适的字体并设置文字大小，效果如图 9-120 所示。在控制面板中将"字符间距"设置为 100，按

Enter 键，效果如图 9-121 所示。

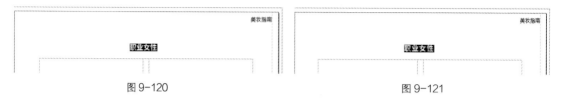

图 9-120　　　　　　　　　　　　　　图 9-121

（13）保持文字处于选取状态。设置填充色的 CMYK 值为 0、68、100、43，填充文字，效果如图 9-122 所示。使用"选择工具" ▶ 选取文字，按 F11 键，弹出"段落样式"面板，单击面板下方的"创建新样式"按钮 ⊡，生成新的段落样式，将其命名为"一级标题"，如图 9-123 所示。

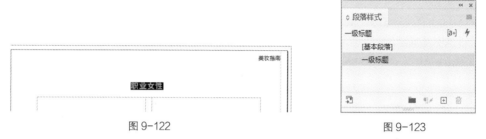

图 9-122　　　　　　　　　　　　　　图 9-123

（14）选择"矩形工具" ▢，按住 Shift 键的同时，在文字左侧绘制一个正方形，设置填充色的 CMYK 值为 0、68、100、43，填充图形，并设置描边色为无，效果如图 9-124 所示。选择"选择工具" ▶，按住 Alt+Shift 组合键的同时，水平向右拖曳图形到适当的位置，复制图形，效果如图 9-125 所示。

图 9-124　　　　　　　　　　　　　　图 9-125

（15）分别选取并复制记事本文档中需要的文字。返回到 InDesign 页面中，选择"文字工具" T，在适当的位置分别拖曳出文本框，将复制的文字粘贴到文本框中。分别将输入的文字选取，在控制面板中分别选择合适的字体并设置文字大小，取消文字的选取状态，效果如图 9-126 所示。

（16）使用"选择工具" ▶ 选取文字"简约色系的'干练'风格"，单击"段落样式"面板下方的"创建新样式"按钮 ⊡，生成新的段落样式，将其命名为"二级标题"，如图 9-127 所示。

图 9-126　　　　　　　　　　　　　　图 9-127

（17）使用"文字工具" T 选取下方需要的文字，在控制面板中将"行距"设置为 14 点，按 Enter 键，效果如图 9-128 所示。再单击控制面板中的"居中对齐"按钮 ≡，取消文字的选取状态，文字对齐效果如图 9-129 所示。

图 9-128 　　　　　　　　　　　　　　　　图 9-129

（18）选择"矩形工具" ▢ ，在适当的位置绘制一个矩形，如图 9-130 所示。取消矩形的选取
状态，选择"文件 > 置入"命令，弹出"置入"对话框，选择云盘中的"Ch09 > 素材 > 制作美妆
杂志内页 > 02"文件，单击"打开"按钮，在页面空白处单击以置入图片。选择"自由变换工具" ⛶ ，
拖曳图片到适当的位置并调整其大小，效果如图 9-131 所示。

图 9-130 　　　　　　　　　　　　　　　　图 9-131

（19）按 Ctrl+X 组合键，将图片剪切到剪贴板上。使用"选择工具" ▶ 选中下方的矩形，选择
"编辑 > 贴入内部"命令，将图片贴到矩形的内部，并设置描边色为无，效果如图 9-132 所示。用
相同的方法标注右侧图片，效果如图 9-133 所示。

图 9-132 　　　　　　　　　　　　　　　　图 9-133

（20）选取并复制记事本文档中需要的文字。返回到 InDesign 页面中，选择"文字工具" T ，在
适当的位置拖曳出一个文本框，将复制的文字粘贴到文本框中。将所有的文字选取，在控制面板中选
择合适的字体并设置文字大小，效果如图 9-134 所示。在控制面板中将"行距"设置为 12 点，按
Enter 键，效果如图 9-135 所示。

（21）使用"选择工具" ▶ 选取文字，单击"段落样式"面板下方的"创建新样式"按钮 ▣ ，生成新的段落样式，将其命名为"正文"，如图 9-136 所示。

图 9-134　　　　　　　图 9-135　　　　　　　图 9-136

（22）选取并复制记事本文档中需要的文字。返回到 InDesign 页面中，选择"文字工具" Ｔ ，在适当的位置拖曳出一个文本框，将复制的文字粘贴到文本框中，效果如图 9-137 所示。

（23）使用"选择工具" ▶ 将输入的文字选取，在"段落样式"面板中单击"正文"样式，如图 9-138 所示，文字效果如图 9-139 所示。

图 9-137　　　　　　　图 9-138　　　　　　　图 9-139

（24）使用相同的方法置入其他图片并制作出图 9-140 所示的效果。在状态栏中单击"文档所属页面"选项右侧的 ⌄ 按钮，在弹出的下拉列表中分别选择"3""4"选项。使用相同的方法制作出图 9-141 所示的效果。

图 9-140　　　　　　　　　　　　　　图 9-141

9.2.2　创建主页

用户可以从头开始创建新的主页，也可以利用现有页面或跨页创建主页。当主页应用于其他页面之后，对原主页所做的任何更改会自动反映到所有基于它的主页和文档页面中。

1. 从头开始创建主页

选择"窗口 > 页面"命令，弹出"页面"面板，单击该面板右上方的≡图标，在弹出的菜单中选择"新建主页"命令，如图 9-142 所示，弹出"新建主页"对话框，如图 9-143 所示。

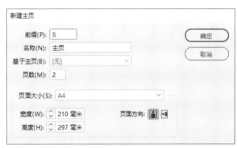

图 9-142　　　　　　　　　　　　　　　　图 9-143

"前缀"选项：标识"页面"面板中的各个页面所应用的主页。最多可以输入 4 个字符。

"名称"选项：输入主页跨页的名称。

"基于主页"选项：选择一个以此主页跨页为基础的现有主页跨页，或选择"[无]"。

"页数"选项：输入一个值以作为主页跨页中要包含的页数（最多为 10）。

"页面大小"选项组：设置新建主页的页面大小和页面方向。

设置需要的选项，如图 9-144 所示，单击"确定"按钮，创建新的主页，如图 9-145 所示。

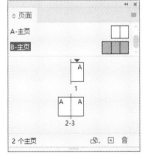

图 9-144　　　　　　　　　　　　　　　　图 9-145

2. 利用现有页面或跨页创建主页

在"页面"面板中选取需要的跨页图标，如图 9-146 所示。将其从"页面"部分拖曳到"主页"部分，如图 9-147 所示。松开鼠标左键，以现有跨页为基础创建主页，如图 9-148 所示。

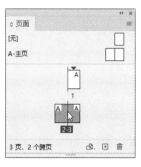

图 9-146 图 9-147 图 9-148

9.2.3 基于其他主页的主页

在"页面"面板中选取需要的主页，如图 9-149 所示。单击面板右上方的 ≡ 图标，在弹出的菜单中选择"'C-主页'的主页选项"命令，弹出"主页选项"对话框。在"基于主页"下拉列表中选取需要的主页，选项的设置如图 9-150 所示。单击"确定"按钮，"C-主页"基于"B-主页"创建主页样式，效果如图 9-151 所示。

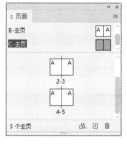

图 9-149 图 9-150 图 9-151

在"页面"面板中选取需要的主页，如图 9-152 所示。将其拖曳到应用该主页的另一个主页上，如图 9-153 所示，松开鼠标左键，"B-主页"基于"C-主页"创建主页样式，如图 9-154 所示。

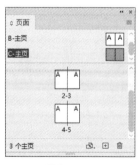

图 9-152 图 9-153 图 9-154

9.2.4 复制主页

在"页面"面板中选取需要的主页，如图 9-155 所示。将其拖曳到"新建页面"按钮 回 上，如图 9-156 所示。松开鼠标左键，在文档中复制主页，如图 9-157 所示。

图 9-155　　　　　　　图 9-156　　　　　　　图 9-157

在"页面"面板中选取需要的主页。单击该面板右上方的≡图标，在弹出的菜单中选择"直接复制主页跨页'×-主页'"（×为字母序号）命令，可以在文档中复制主页。

9.2.5　应用主页

1. 将主页应用于页面或跨页

在"页面"面板中选取需要的主页图标，如图 9-158 所示。将其拖曳到要应用主页的页面图标上，当黑色矩形围绕页面时，如图 9-159 所示。松开鼠标左键，为页面应用主页，如图 9-160 所示。

在"页面"面板中选取需要的主页跨页图标，如图 9-161 所示。将其拖曳到跨页的角点上，如图 9-162 所示。当黑色矩形围绕跨页时，松开鼠标左键，为跨页应用主页，如图 9-163 所示。

图 9-158　　　　　　图 9-159　　　　　　图 9-160　　　　　　图 9-161

2. 将主页应用于多个页面

在"页面"面板中选取需要的页面图标，如图 9-164 所示。按住 Alt 键的同时，单击要应用的主页，将主页应用于多个页面，效果如图 9-165 所示。

图 9-162　　　　　　图 9-163　　　　　　图 9-164　　　　　　图 9-165

在"页面"面板中选取需要的主页，如图 9-166 所示，单击该面板右上方的≡图标，在弹出的菜单中选择"将主页应用于页面"命令，弹出"应用主页"对话框。在"应用主页"选项中指定要应用的主页，在"于页面"选项中指定需要应用主页的页面范围，如图9-167所示。单击"确定"按钮，将主页应用于选定的页面，如图9-168所示。

图 9-166　　　　　　　　　　图 9-167　　　　　　　　　　图 9-168

9.2.6　取消指定的主页

在"页面"面板中选取需要取消主页的页面图标，如图9-169所示。按住 Alt 键的同时，单击"[无]"的页面图标，取消指定的主页，效果如图9-170所示。

图 9-169　　　　　　　　　　图 9-170

9.2.7　删除主页

在"页面"面板中选取要删除的主页，如图9-171所示。单击"删除选中页面"按钮 🗑，弹出提示对话框，如图9-172所示。单击"确定"按钮，删除主页，如图9-173所示。

图 9-171　　　　　　　　　　图 9-172　　　　　　　　　　图 9-173

将选取的主页直接拖曳到"删除选中页面"按钮 🗑 上，可删除主页。单击"页面"面板右上方的 ☰ 图标，在弹出的菜单中选择"删除主页跨页'×-主页'"（×为字母序号）命令，也可删除主页。

9.2.8　添加页码和章节编号

用户可以在页面上添加页码标记来指定页码的位置和外观。由于页码标记会自动更新，当在文档内增加、移除或排列页面时，它所显示的页码总会是正确的。页码标记可以与文本一样设置格式和样式。

1.　添加页码

选择"文字工具" T ，在要添加页码的页面中拖曳出一个文本框，如图 9-174 所示。选择"文字 ＞ 插入特殊字符 ＞ 标志符 ＞ 当前页码"命令，或按 Ctrl+Alt+Shift +N 组合键，如图 9-175 所示，在文本框中添加自动的页码，如图 9-176 所示。

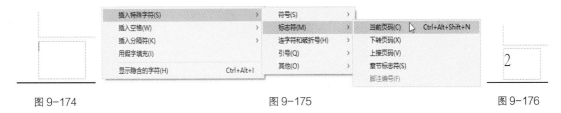

图 9-174　　　　　　　　　　　图 9-175　　　　　　　　　　　图 9-176

在页面区域显示主页，选择"文字工具" T ，在主页中拖曳出一个文本框，如图 9-177 所示。在文本框中单击鼠标右键，在弹出的快捷菜单中选择"插入特殊字符 ＞ 标志符 ＞ 当前页码"命令，在文本框中添加自动的页码，如图 9-178 所示。页码以该主页的前缀显示。

2.　添加章节编号

选择"文字工具" T ，在要显示章节编号的位置拖曳出一个文本框，如图 9-179 所示。选择"文字 ＞ 文本变量 ＞ 插入变量 ＞ 章节编号"命令，如图 9-180 所示，在文本框中添加自动的章节编号，如图 9-181 所示。

图 9-177　　　　图 9-178

图 9-179　　　　　　　　　　　图 9-180　　　　　　　　　　　图 9-181

3.　更改页码和章节编号的格式

选择"版面 ＞ 页码和章节选项"命令，弹出"页码和章节选项"对话框，如图 9-182 所示。设置需要的选项，单击"确定"按钮，可更改页码和章节编号的格式。

"自动编排页码"选项：让当前章节的页码跟随前一章节的页码。当在它前面添加页面时，文档或章节中的页码将自动更新。

"起始页码"选项：输入文档或当前章节第一页的页码。

"编排页码"选项组中各选项的介绍如下。

"章节前缀"选项：为章节输入一个标签，包括要在前缀和页码之间显示的空格或标点符号。前缀的长度不应大于 8 个字符。前缀不能为空，也不能为输入的空格，可以是从文档窗口中复制的空格字符。

图 9-182

"样式"选项：可从下拉列表中选择一种页码样式，该样式仅应用于本章节中的所有页面。

"章节标志符"选项：输入一个标签，InDesign 会将其插入页面中。

"编排页码时包含前缀"复选框：可在生成目录、索引时或在打印包含自动页码的页面时显示章节前缀。取消勾选此复选框，将在 InDesign 中显示章节前缀，但在打印的文档、索引和目录中隐藏该前缀。

9.2.9　确定并选取目标页面和跨页

在"页面"面板中双击图标（或位于图标下的页码），在页面中确定并选取目标页面或跨页。

在文档中单击页面、该页面上的任何对象或文档窗口中该页面的粘贴板来确定并选取目标页面和跨页。

单击目标页面的图标，如图 9-183 所示，可在"页面"面板中选取该页面。在文档中确定的页面为第一页，要选取目标跨页，单击图标下的页码即可，如图 9-184 所示。

图 9-183

图 9-184

9.2.10　以两页跨页作为文档的开始

选择"文件 > 文档设置"命令，确定文档至少包含 3 个页面，且已勾选"对页"复选框，单击"确定"按钮，效果如图 9-185 所示。设置文档的第一页为空，按住 Shift 键的同时，在"页面"面板中选取除第一页外的其他页面，如图 9-186 所示。

单击面板右上方的 ≡ 图标，在弹出的菜单中取消选择"允许选定的跨页随机排布"命令，如图 9-187 所示，"页面"面板如图 9-188 所示。在"页面"面板中选取第一页，单击"删除选中页面"

按钮 ，"页面"面板如图 9-189 所示，页面区域如图 9-190 所示。

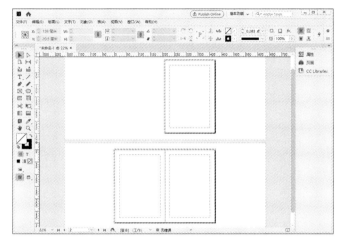

图 9-185

图 9-186

图 9-187

图 9-188

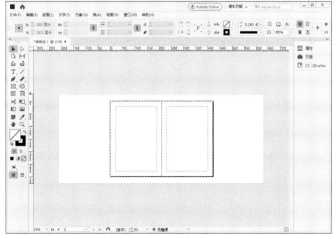

图 9-189

图 9-190

9.2.11 添加新页面

在"页面"面板中单击"新建页面"按钮 ⊞，如图 9-191 所示，在活动页面或跨页之后添加一个页面，如图 9-192 所示。新页面将与现有的活动页面使用相同的主页。

图 9-191

图 9-192

选择"版面 > 页面 > 插入页面"命令，或单击"页面"面板右上方的 ≡ 图标，在弹出的菜单中选择"插入页面"命令，如图 9-193 所示，弹出"插入页面"对话框，如图 9-194 所示。

图 9-193

图 9-194

"页数"选项：指定要添加页面的页数。

"插入"选项：指定插入页面的位置，并根据需要指定页面。

"主页"选项：指定添加的页面要应用的主页。

设置需要的选项，如图 9-195 所示。单击"确定"按钮，效果如图 9-196 所示。

图 9-195

图 9-196

9.2.12 移动页面

选择"版面 > 页面 > 移动页面"命令，或单击"页面"面板右上方的 ≡ 图标，在弹出的菜单中选择"移动页面"命令，如图 9-197 所示，弹出"移动页面"对话框，如图 9-198 所示。

图 9-197   图 9-198

"移动页面"选项：指定要移动的一个或多个页面。

"目标"选项：指定移动到的位置，并根据需要指定页面。

"移至"选项：指定移动的目标文档。

设置需要的选项，如图 9-199 所示。单击"确定"按钮，效果如图 9-200 所示。

图 9-199   图 9-200

在"页面"面板中选取需要的页面，如图 9-201 所示。将其拖曳至适当的位置，如图 9-202 所示。松开鼠标左键，将选取的页面移动到适当的位置，效果如图 9-203 所示。

图 9-201   图 9-202   图 9-203

9.2.13 复制页面或跨页

在"页面"面板中选取需要的页面图标，并将其拖曳到面板下方的"新建页面"按钮 ⊞ 上，可复制页面。单击该面板右上方的 ≣ 图标，在弹出的菜单中选择"直接复制页面"命令，也可复制页面。

在"页面"面板中选取需要的页面图标（或页面范围号码），如图 9-204 所示。按住 Alt 键的同时，将其拖曳到需要的位置，当鼠标指针变为 形状时，如图 9-205 所示，松开鼠标左键和 Alt 键，文档末尾将生成新的页面，"页面"面板如图 9-206 所示。

图 9-204　　　　　　　　　　图 9-205　　　　　　　　　　图 9-206

提示　复制页面或跨页也将复制页面或跨页上的所有对象。复制的跨页与其他跨页的文本串接将被打断，但复制的跨页内的所有文本串接完整无缺，和原始跨页中的所有文本串接一样。

9.2.14　删除页面或跨页

在"页面"面板中，将一个或多个页面图标或跨页图标、页面范围号码拖曳到"删除选中页面"按钮 上，可删除页面或跨页。

在"页面"面板中，选取一个或多个页面图标或跨页图标，单击"删除选中页面"按钮 ，可删除页面或跨页。

在"页面"面板中，选取一个或多个页面图标或跨页图标，单击该面板右上方的 图标，在弹出的菜单中选择"删除页面"或"删除跨页"命令，可删除页面或跨页。

课堂练习——制作房地产画册封面

练习知识要点

使用"文字工具""直接选择工具""矩形工具""路径查找器"面板制作画册标题文字，使用"矩形工具""路径查找器"面板制作楼层缩影，使用"矩形工具""椭圆工具""文字工具"添加地标及相关信息。房地产画册封面效果如图 9-207 所示。

图 9-207

微课

制作房地产画册
封面

效果所在位置

云盘 > Ch09 > 效果 > 制作房地产画册封面.indd。

课后习题——制作房地产画册内页

 习题知识要点

使用"页码和章节选项"命令更改起始页码，使用"置入"命令、"选择工具"添加并裁切图片，使用"矩形工具""贴入内部"命令制作图片剪切效果，使用"矩形工具""渐变色板工具"制作图形渐变效果，使用"文字工具""段落样式"面板添加标题及段落文字。房地产画册内页效果如图 9-208 所示。

 效果所在位置

云盘 > Ch09 > 效果 > 制作房地产画册内页.indd。

图 9-208

微课
制作房地产画册
内页1

微课
制作房地产画册
内页2

微课
制作房地产画册
内页3

微课
制作房地产画册
内页4

10

第 10 章
创建目录和书籍

本章主要介绍 InDesign 2020 中目录和书籍的创建及应用方法。通过本章的学习，读者可以完成更加复杂的排版设计项目，提高排版的专业水平。

学习目标

- 掌握创建目录的方法。
- 掌握创建书籍的技巧。

技能目标

- 掌握美妆杂志目录的制作方法。
- 掌握美妆杂志书籍的制作方法。

素养目标

- 培养精益求精的工作作风。
- 培养设计规范意识。

微课

制作美妆杂志
目录 1

微课

制作美妆杂志
目录 2

10.1 创建目录

目录用于列出书籍、杂志或其他出版物的主要内容、层次标题、页码等。

10.1.1 课堂案例——制作美妆杂志目录

案例学习目标

学习使用"文字工具""段落样式"面板和"目录"命令制作美妆杂志目录。

案例知识要点

使用"置入"命令添加图片，使用"段落样式"面板、"字符样式"面板和"目录"命令提取目录。美妆杂志目录效果如图 10-1 所示。

效果所在位置

云盘 > Ch10 > 效果 > 制作美妆杂志目录.indd。

图 10-1

1. 添加装饰图片和文字

（1）选择"文件 > 新建 > 文档"命令，弹出"新建文档"对话框，选项的设置如图 10-2 所示。单击"边距和分栏"按钮，弹出"新建边距和分栏"对话框，选项的设置如图 10-3 所示。单击"确定"按钮，新建一个文档。选择"视图 > 其他 > 隐藏框架边缘"命令，将所绘图形的框架边缘隐藏。

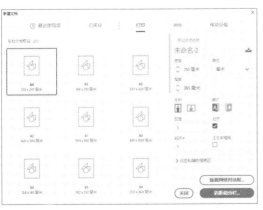

图 10-2

图 10-3

（2）选择"文字工具" T ，在页面适当的位置拖曳出两个文本框，输入需要的文字。分别将输入的文字选取，在控制面板中分别选择合适的字体并设置文字大小，取消文字的选取状态，效果如图 10-4 所示。

（3）选择"选择工具" ▶ ，用框选的方法将输入的文字同时选取，在控制面板中将"X 切变角度"设置为 10°，按 Enter 键，效果如图 10-5 所示。单击工具箱中的"格式针对文本"按钮 T ，设置填充色的 CMYK 值为 0、0、0、80，填充文字，效果如图 10-6 所示。

目录 Contents　　　　　目录 Contents

图 10-4　　　　　　　　图 10-5　　　　　　　　图 10-6

（4）选择"直线工具" ╱ ，按住 Shift 键的同时，在适当的位置拖曳鼠标指针，绘制一条直线段。在控制面板中将"描边粗细"设置为 0.5 点，按 Enter 键，效果如图 10-7 所示。

（5）选择"文件 > 置入"命令，弹出"置入"对话框。选择云盘中的"Ch10 > 素材 > 制作美妆杂志目录 > 01"文件，单击"打开"按钮，在页面空白处单击以置入图片。选择"自由变换工具" ⊞ ，将图片拖曳到适当的位置并调整其大小。使用"选择工具" ▶ 裁切图片，效果如图 10-8 所示。

（6）选择"文字工具" T ，在适当的位置拖曳出一个文本框，输入需要的文字。将输入的文字选取，在控制面板中选择合适的字体并设置文字大小，效果如图 10-9 所示。

图 10-7　　　　　　　　图 10-8　　　　　　　　图 10-9

（7）保持文字处于选取状态。按 Ctrl+T 组合键，弹出"字符"面板，将"倾斜（伪斜体）"设置为 10°，如图 10-10 所示。按 Enter 键，效果如图 10-11 所示。用相同的方法置入"02"文件，制作出图 10-12 所示的效果。

图 10-10　　　　　　　　图 10-11　　　　　　　　图 10-12

（8）选择"文字工具" T ，在适当的位置拖曳出一个文本框，输入需要的文字。将输入的文字选取，在控制面板中选择合适的字体并设置文字大小，效果如图 10-13 所示。设置填充色的 CMYK 值为 0、80、100、0，填充文字，取消文字的选取状态，效果如图 10-14 所示。

（9）选择"直线工具" ✏ ，按住 Shift 键的同时，在适当的位置拖曳鼠标指针，绘制一条直线段。在控制面板中将"描边粗细"设置为 0.5 点，按 Enter 键。设置描边色的 CMYK 值为 0、80、100、0，填充描边，效果如图 10-15 所示。

图 10-13

图 10-14

图 10-15

2. 提取目录

（1）按 Ctrl+O 组合键，弹出"打开文件"对话框，选择云盘中的"Ch09 > 效果 > 制作美妆杂志内页.indd"文件，单击"打开"按钮，打开文件。选择"窗口 > 色板"命令，弹出"色板"面板，单击该面板右上方的 ≡ 图标，在弹出的菜单中选择"新建颜色色板"命令，弹出"新建颜色色板"对话框，选项的设置如图 10-16 所示。单击"确定"按钮，"色板"面板如图 10-17 所示。

图 10-16

图 10-17

（2）选择"文字 > 段落样式"命令，弹出"段落样式"面板，单击面板下方的"创建新样式"按钮 ⊡ ，生成新的段落样式，将其命名为"目录标题"，如图 10-18 所示。

（3）单击"段落样式"面板下方的"创建新样式"按钮 ⊡ ，生成新的段落样式，将其命名为"目录正文"，如图 10-19 所示。

图 10-18

图 10-19

（4）双击"目录标题"样式，弹出"段落样式选项"对话框，单击"基本字符格式"选项，弹出相应的界面，选项的设置如图 10-20 所示。单击"字符颜色"选项，弹出相应的界面，选择需要的颜色，如图 10-21 所示，单击"确定"按钮。

图 10-20

图 10-21

（5）双击"目录正文"样式，弹出"段落样式选项"对话框，单击"基本字符格式"选项，弹出相应的界面，选项的设置如图 10-22 所示。单击"字符颜色"选项，弹出相应的界面，选择需要的颜色，如图 10-23 所示，单击"确定"按钮。

图 10-22

图 10-23

（6）选择"文字 > 字符样式"命令，弹出"字符样式"面板，如图 10-24 所示，单击该面板下方的"创建新样式"按钮，生成新的字符样式，将其命名为"目录页码"，如图 10-25 所示。

图 10-24

图 10-25

（7）双击"目录页码"样式，弹出"字符样式选项"对话框，单击"基本字符格式"选项，弹出相应的界面，选项的设置如图 10-26 所示。单击"高级字符格式"选项，弹出相应的界面，选项的设置如图 10-27 所示，单击"确定"按钮。

图 10-26   图 10-27

（8）选择"版面 > 目录"命令，弹出"目录"对话框，在"其他样式"列表框中选择"一级标题"样式，单击"添加"按钮（<< 添加(A)），将"一级标题"添加到"包含段落样式"列表框中，如图 10-28 所示。在"样式：一级标题"选项组中，单击"条目样式"选项右侧的 ∨ 按钮，在弹出的下拉列表中选择"目录标题"选项；单击"页码"选项右侧的 ∨ 按钮，在弹出的下拉列表中选择"条目前"选项；单击"样式"选项右侧的 ∨ 按钮，在弹出的下拉列表中选择"目录页码"选项，如图 10-29 所示。

图 10-28   图 10-29

（9）在"其他样式"列表框中选择"二级标题"样式，单击"添加"按钮（<< 添加(A)），将"二级标题"添加到"包含段落样式"列表框中；单击"条目样式"选项右侧的 ∨ 按钮，在弹出的下拉列表中选择"目录正文"选项；单击"页码"选项右侧的 ∨ 按钮，在弹出的下拉列表中选择"无页码"选项，如图 10-30 所示。单击"确定"按钮，在页面空白处拖曳鼠标指针，提取目录，效果如图 10-31 所示。

（10）使用"选择工具" ▶ 选取目录文字，按 Ctrl+X 组合键，剪切目录文字，返回到正在编辑的目录页面中，按 Ctrl+V 组合键，粘贴目录文字。

（11）选择"文字工具" T，在目录文字中选取文字"职业女性"，如图 10-32 所示。按 Ctrl+C
组合键，复制文字，在适当的位置拖曳出一个文本框，按 Ctrl+V 组合键，将复制的文字粘贴到文本
框中，效果如图 10-33 所示。

图 10-30

图 10-31　　　　　图 10-32　　　　　图 10-33

（12）选择"文字工具" T，在目录文字中选取页码"2"，如图 10-34 所示。按 Ctrl+C 组合键，
复制文字，在适当的位置拖曳出一个文本框，按 Ctrl+V 组合键，将复制的文字粘贴到文本框中，效
果如图 10-35 所示。

（13）选择"文字工具" T，在数字"2"左侧单击插入光标，输入需要的数字，效果如图 10-36
所示。用相同的方法选取并复制其他文字，效果如图 10-37 所示。

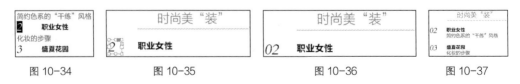

图 10-34　　　　　图 10-35　　　　　图 10-36　　　　　图 10-37

（14）选择"直线工具" ，按住 Shift 键的同时，在适当的位置拖曳鼠标指针，绘制一条竖线，
效果如图 10-38 所示。选择"窗口 > 描边"命令，弹出"描边"面板，在"类型"下拉列表中选择
"虚线"选项，其他选项的设置如图 10-39 所示，线条效果如图 10-40 所示。

图 10-38 　　　　　　 图 10-39 　　　　　　 图 10-40

（15）根据上述方法提取其他目录文字，效果如图 10-41 所示。美妆杂志目录制作完成。

图 10-41

10.1.2　生成目录

生成目录前，确定应包含的段落（如章、节标题等），为每个段落定义段落样式。确保将这些样式应用于单篇文档或编入书籍的多篇文档的所有相应段落。

在创建目录时，应在文档中添加新页面。选择"版面 > 目录"命令，弹出"目录"对话框，如图 10-42 所示。

"标题"选项：输入目录标题，它将显示在目录顶部。要设置标题的格式，从"样式"下拉列表中选择一个样式。

双击"其他样式"列表框中的段落样式，将其添加到"包括段落样式"列表框中，以确定目录包含的内容。

"创建 PDF 书签"复选框：勾选此复选框，将文档导出为 PDF 文件时，在 Adobe Acrobat 8 或 Adobe Reader® 的"书签"面板中显示目录条目。

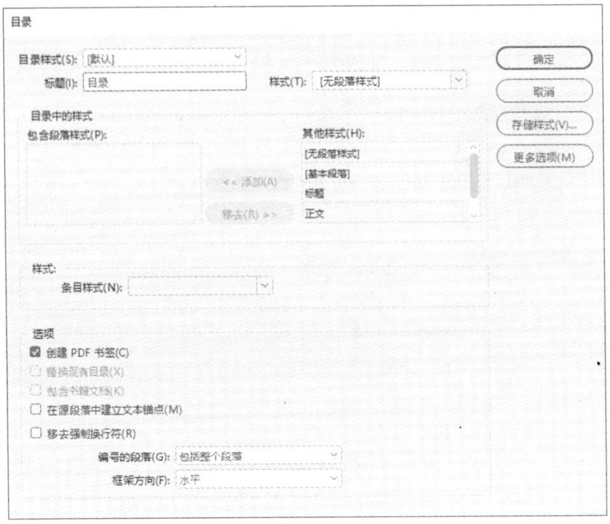

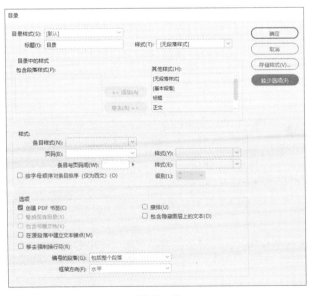

图 10-42

"替换现有目录"复选框：勾选此复选框，替换文档中所有现有的目录。

"包含书籍文档"复选框：勾选此复选框，为书籍列表中的所有文档创建一个目录，重编该书的页码。如果只想为当前文档生成目录，则取消勾选此复选框。

"编号的段落"选项：若目录中包括使用编号的段落样式，指定目录条目是包括整个段落（编号和文本），还是只包括编号或只包括段落。

"框架方向"选项：指定要用于创建目录的文本框架的排版方向。

单击"更多选项"按钮，将弹出设置目录样式的选项，如图 10-43 所示。

图 10-43

"条目样式"选项：对应"包括段落样式"列表框中的每个样式，用户可选择一个段落样式应用到相关联的目录条目。

"页码"选项：选择页码的位置，在右侧的"样式"选项中可选择页码需要的字符样式。

"条目与页码间"选项：指定要在目录条目及其页码之间显示的字符。单击右侧的 ▶ 按钮，可以在弹出的菜单中选择其他特殊字符。在右侧的"样式"选项中可选择需要的字符样式。

"按字母顺序对条目排序（仅为西文）"复选框：勾选此复选框，将按字母顺序对选定样式中的目录条目进行排序。

"级别"选项：默认情况下，"包含段落样式"列表框中添加的每个样式比它的直接上层样式低一级。可以通过为选定段落样式指定新的级别编号来更改这一层次。

"接排"复选框：勾选此复选框，所有目录条目接排到某一个段落中。

"包含隐藏图层上的文本"复选框：勾选此复选框，目录中包含隐藏图层上的段落。

设置需要的选项，如图 10-44 所示，单击"确定"按钮，将出现载入文本图标 ，在页面中需要的位置拖曳鼠标指针，创建目录，如图 10-45 所示。

图 10-44

图 10-45

提示　拖曳鼠标指针时应避免将目录框架串接到文档中的其他文本框架上。如果替换现有目录，则整篇文章都将被更新后的目录替换。

10.1.3　创建具有前导符的段落样式和目录条目

1．创建具有前导符的段落样式

选择"窗口 > 样式 > 段落样式"命令，弹出"段落样式"面板。双击应用于目录条目的段落样式的名称，弹出"段落样式选项"对话框，单击左侧的"制表符"选项，弹出相应的界面，如图 10-46所示。单击"右对齐制表符"按钮 ↧，在标尺上单击放置定位符，在"前导符"文本框中输入一个句点（.），如图 10-47 所示，单击"确定"按钮，创建具有前导符的段落样式。

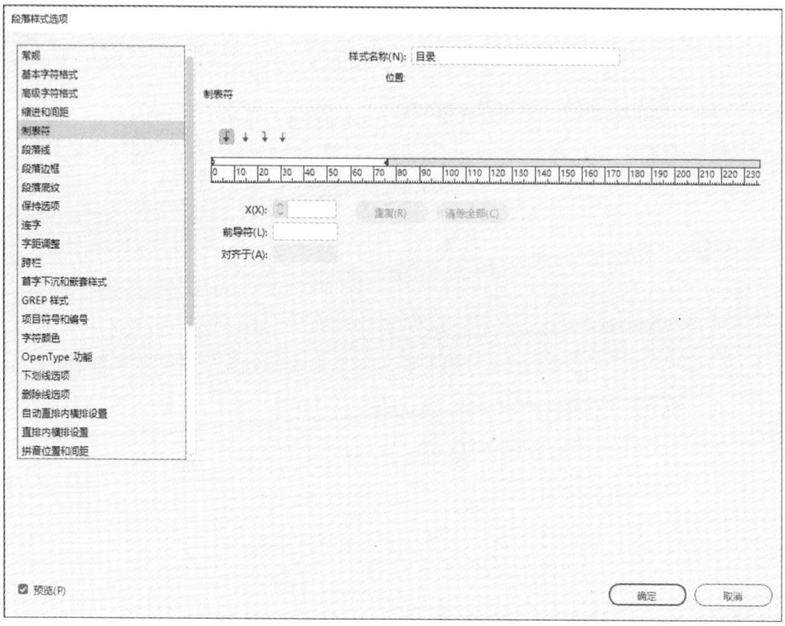

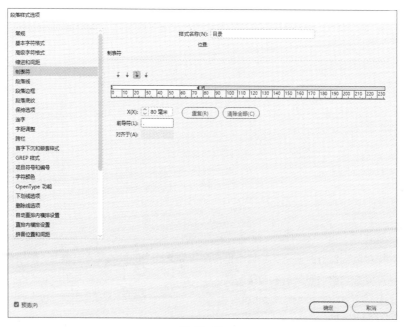

图 10-46

图 10-47

2. 创建具有前导符的目录条目

创建具有前导符的段落样式。选择"版面 > 目录"命令，弹出"目录"对话框。在"包含段落样式"列表框中选择在目录中显示前导符的段落样式，在"条目样式"下拉列表中选择包含前导符的段落样式。单击"更多选项"按钮，在"条目与页码间"文本框中输入^t，如图 10-48 所示。单击"确定"按钮，创建具有前导符的目录条目，如图 10-49 所示。

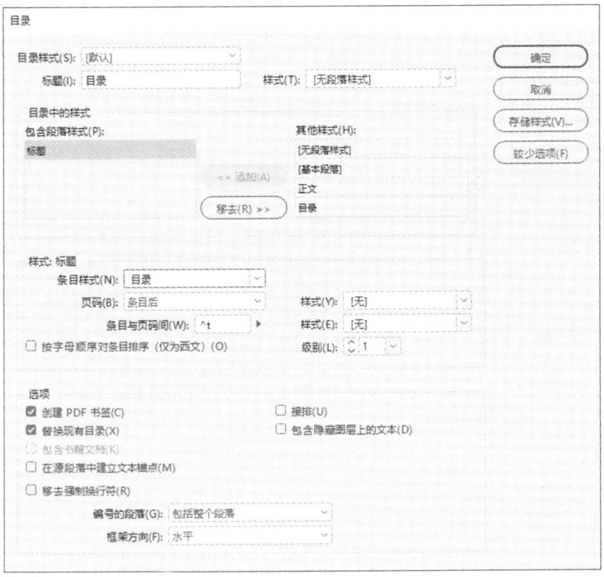

图 10-48

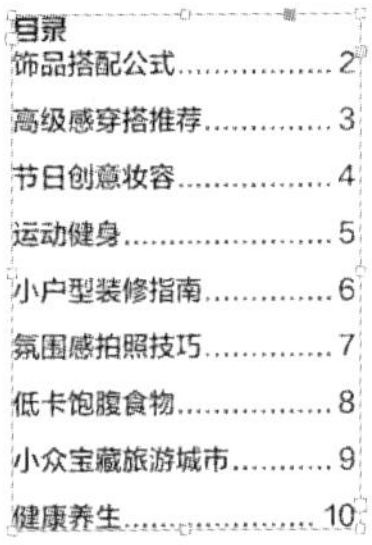

图 10-49

10.2 创建书籍

书籍文件是一个可以共享样式、色板、主页及其他项目的文档集。用户可以按顺序给编入书籍的文档中的页面编号、打印书籍中选定的文档或者将它们导出为 PDF 文件。

10.2.1 课堂案例——制作美妆杂志书籍

案例学习目标

学习使用"书籍"命令制作美妆杂志书籍。

案例知识要点

使用"书籍"命令、"添加文档"按钮和"存储书籍"按钮制作美妆杂志书籍。"制作美妆杂志书籍"面板如图 10-50 所示。

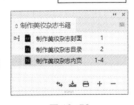

图 10-50

效果所在位置

云盘 > Ch10 > 效果 > 制作美妆杂志书籍.indb。

（1）选择"文件 > 新建 > 书籍"命令，弹出"新建书籍"对话框，将文件命名为"制作美妆杂志书籍"，如图 10-51 所示。单击"保存"按钮，弹出"制作美妆杂志书籍"面板，如图 10-52 所示。

（2）单击该面板下方的"添加文档"按钮 ，弹出"添加文档"对话框，分别选取"制作美妆杂志封面""制作美妆杂志目录""制作美妆杂志内页"文件，如图 10-53 所示。单击"打开"按钮，将其添加到"制作美妆杂志书籍"面板中，如图 10-54 所示。

（3）单击"制作美妆杂志书籍"面板下方的"存储书籍"按钮 ，美妆杂志书籍制作完成。

图 10-51

图 10-52

图 10-53

图 10-54

10.2.2　在书籍中添加文档

选择"文件 > 新建 > 书籍"命令，弹出"新建书籍"对话框，将文件命名为"书籍"，单击"保存"按钮，弹出"书籍"面板，如图 10-55 所示。单击该面板下方的"添加文档"按钮 ＋，弹出"添加文档"对话框，选取需要的文档，如图 10-56 所示。单击"打开"按钮，在"书籍"面板中添加文档，如图 10-57 所示。

图 10-55

图 10-56

图 10-57

单击"书籍"面板右上方的 ≡ 图标，在弹出的菜单中选择"添加文档"命令，弹出"添加文档"对话框，选取需要的文档，单击"打开"按钮，可添加文档。

10.2.3 管理书籍文件

每个打开的书籍文件均显示在"书籍"面板各自的选项卡中。如果同时打开了多个书籍文件，则单击某个选项卡标签可将对应的书籍调至前面，以便访问其面板菜单。

文档条目右侧的图标表示当前文档的状态。

没有图标表示文档已关闭。

⏺图标表示文档已打开。

❔图标表示文档被移动、重命名或删除。

⚠图标表示关闭书籍文件后，文档被编辑过或页码被重新编排。

1. 存储书籍

单击"书籍"面板右上方的 ≡ 图标，在弹出的菜单中选择"将书籍存储为"命令，弹出"将书籍存储为"对话框，指定一个位置和文件名，单击"保存"按钮，可使用新名称存储书籍。

单击"书籍"面板右上方的 ≡ 图标，在弹出的菜单中选择"存储书籍"命令，可保存书籍。

单击"书籍"面板下方的"存储书籍"按钮 📤，可保存书籍。

2. 关闭书籍文件

单击"书籍"面板右上方的 ≡ 图标，在弹出的菜单中选择"关闭书籍"命令，可关闭单个书籍。

单击"书籍"面板右上方的按钮 ✕，可关闭一起停放在同一面板中的所有打开的书籍。

3. 删除书籍中的文档

在"书籍"面板中选取要删除的文档，单击该面板下方的"移去文档"按钮 ➖，可从书籍中删除选取的文档。

在"书籍"面板中选取要删除的文档，单击"书籍"面板右上方的 ≡ 图标，在弹出的菜单中选择"移去文档"命令，可从书籍中删除选取的文档。

4. 替换书籍中的文档

单击"书籍"面板右上方的 ≡ 图标，在弹出的菜单中选择"替换文档"命令，弹出"替换文档"对话框，指定一个文档，单击"打开"按钮，可替换选取的文档。

▌课堂练习——制作房地产画册目录

🔗 练习知识要点

使用"置入"命令添加图片，使用"矩形工具""填充工具"绘制装饰图形，使用"段落样式"面板和"目录"命令提取目录。房地产画册目录效果如图 10-58 所示。

🎯 效果所在位置

云盘 > Ch10 > 效果 > 制作房地产画册目录.indd。

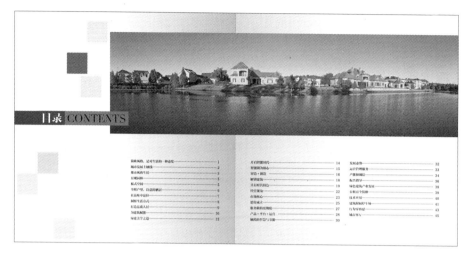

图 10-58

课后习题——制作房地产画册书籍

🔗 习题知识要点

使用"书籍"命令、"添加文档"按钮和"存储书籍"按钮制作房地产画册书籍。"制作房地产画册书籍"面板如图 10-59 所示。

图 10-59

📍 效果所在位置

云盘 > Ch10 > 效果 > 制作房地产画册书籍.indb。

第11章
综合设计实训

本章包括 5 个常见应用领域的商业设计项目。通过本章的学习，读者能学以致用，制作出专业的商业设计作品。

学习目标

- ✔ 熟悉 InDesign 商业设计项目的设计思路。
- ✔ 掌握 InDesign 商业设计项目的制作流程。

技能目标

- ✔ 掌握购物节宣传单的制作方法。
- ✔ 掌握《食客厨房》杂志封面的制作方法。
- ✔ 掌握猪肉酥包装的制作方法。

素养目标

- ✔ 培养商业设计思维。
- ✔ 培养举一反三的能力。

11.1 宣传单设计——制作购物节宣传单

11.1.1 【项目背景及要求】

1. 客户名称

云尽乐淘有限公司。

2. 客户需求

云尽乐淘是一家新创电商平台。现平台将举行"购物节"活动，需要设计一款宣传单，能够传达购物节的独特氛围，突显平台的独特之处，并吸引更多顾客的关注。

3. 设计要求

（1）使用粉色系渐变底图，做出景深效果，使整个底图呈现出空间感。

（2）使用 3D 图形进行点缀搭配，丰富画面效果，增加画面的活泼感。

（3）文字信息清晰，宣传重点突出。

（4）设计规格为 210 毫米（宽）×297 毫米（高），出血为 3 毫米。

11.1.2 【项目创意及制作】

1. 素材资源

图片素材所在位置：云盘中的"Ch11 > 素材 > 制作购物节宣传单 > 01~04"。

文字素材所在位置：云盘中的"Ch11 > 素材 > 制作购物节宣传单 > 文字文档"。

2. 作品参考

设计作品参考效果所在位置：云盘中的"Ch11 > 效果 > 制作购物节宣传单.indd"。购物节宣传单效果如图 11-1 所示。

图 11-1

微课
制作购物节
宣传单 1

微课
制作购物节
宣传单 2

3. 制作要点

使用"置入"命令添加素材图片，使用"文字工具""字符"面板添加宣传信息，使用"矩形工具""角选项"命令、"椭圆工具""路径查找器"面板、"投影"命令和"文字工具"制作价格标签，使用"钢笔工具""椭圆工具""矩形工具""不透明度"选项绘制装饰图形。

11.2 杂志设计——制作《食客厨房》杂志封面

11.2.1 【项目背景及要求】

1. 客户名称
美食记出版社。

2. 客户需求
美食记是一家以策划出版饮食文化类杂志为主体的出版社，准备出版《食客厨房》杂志，为厨艺爱好者提供参考。杂志以各类传统美食的制作方法为主要内容。现要求为该杂志制作封面。

3. 设计要求
（1）画面主题为美食，表现美食杂志的特色。
（2）色彩搭配合理，能够让人产生温暖、亲切的感觉。
（3）文字设计和图片相称，突出杂志名称。
（4）设计规格为 210 毫米（宽）×285 毫米（高），出血为 3 毫米。

11.2.2 【项目创意及制作】

1. 素材资源
图片素材所在位置：云盘中的"Ch11 > 素材 > 制作《食客厨房》杂志封面 > 01"。
文字素材所在位置：云盘中的"Ch11 > 素材 > 制作《食客厨房》杂志封面 > 文字文档"。

2. 作品参考
设计作品参考效果所在位置：云盘中的"Ch11 > 效果 > 制作《食客厨房》杂志封面.indd"。《食客厨房》杂志封面效果如图 11-2 所示。

图 11-2

微课
制作《食客厨房》杂志封面 1

微课
制作《食客厨房》杂志封面 2

3. 制作要点

使用"置入"命令置入图片，使用"文字工具"控制面板和填充工具添加杂志名称及刊期，使用"投影"命令为文字添加投影效果，使用"直排文字工具""字符"面板添加杂志栏目。

11.3 包装设计——制作猪肉酥包装

11.3.1 【项目背景及要求】

1. 客户名称

食佳股份有限公司。

2. 客户需求

食佳是一家生产和销售零食的公司，专注于为消费者提供新鲜、安全、美味的产品。现公司推出新款猪肉酥，需要制作一款包装。

3. 设计要求

（1）包装采用简装罐头造型。

（2）包装的颜色和画面要营造愉悦感，贴合宣传主题。

（3）包装上要传递清晰的产品信息，令消费者有安全感，信赖品牌。

（4）设计规格为 210 毫米（宽）×297 毫米（高），出血为 3 毫米。

11.3.2 【项目创意及制作】

1. 素材资源

图片素材所在位置：云盘中的"Ch11 > 素材 > 制作猪肉酥包装 > 01、02"。

文字素材所在位置：云盘中的"Ch11 > 素材 > 制作猪肉酥包装 > 文字文档"。

2. 作品参考

设计作品参考效果所在位置：云盘中的"Ch11 > 效果 > 制作猪肉酥包装.indd"。猪肉酥包装效果如图 11-3 所示。

图 11-3

3. 制作要点

使用"钢笔工具""矩形工具""打开"命令、"贴入内部"命令制作包装底图，使用"文字工具"

"基线偏移"按钮和"字符"面板添加产品名称,使用"文字工具""切变"命令和"字符"面板添加营养成分表和其他包装信息,使用"钢笔工具""缩放"命令和"贴入内部"命令制作铁盒立体展示图。

11.4 课堂练习——制作饰品画册封面

11.4.1 【项目背景及要求】

1. 客户名称

美俊达饰品股份有限公司。

2. 客户需求

美俊达是一家专业从事高品质饰品设计、生产和销售的公司。公司近期需要制作一套全新的画册封面,用于宣传产品和企业文化。

3. 设计要求

(1)以真实的产品图片为背景,突出产品的品质。

(2)画面的色调搭配和谐,营造典雅、时尚的感觉。

(3)文字内容简洁,突出企业的风貌。

(4)设计规格为 285 毫米(宽)×210 毫米(高),出血为 3 毫米。

11.4.2 【项目创意及制作】

1. 素材资源

图片素材所在位置:云盘中的"Ch11 > 素材 > 制作饰品画册封面 > 01~04"。

文字素材所在位置:云盘中的"Ch11 > 素材 > 制作饰品画册封面 > 文字文档"。

2. 制作提示

首先新建文档并制作封面底图,其次添加封面名称及其他信息,再次制作封底底图,最后添加封底内容和公司信息。

3. 制作要点

使用"置入"命令置入素材图片,使用"钢笔工具""效果"面板制作图片半透明效果,使用"文字工具""字形"面板添加封面名称和公司信息,使用"钢笔工具""多边形工具""椭圆工具""路径文字工具"制作标志,使用"椭圆工具""渐变色板工具""矩形工具""直接选择工具""贴入内部"命令制作装饰图形。

11.5 课后习题——制作饰品画册内页

11.5.1 【项目背景及要求】

1. 客户名称

美俊达饰品股份有限公司。

2．客户需求

为 11.4 小节中的饰品画册制作内页，用于展示产品细节。

3．设计要求

（1）通过精美的图片展示和简洁的文字描述，传递出产品的精湛工艺。

（2）设计风格典雅、大气，贴合产品特色。

（3）在设计中融入现代感，突出公司对时尚潮流的敏感度。

（4）设计规格为 285 毫米（宽）×210 毫米（高），出血为 3 毫米。

11.5.2 【项目创意及制作】

1．素材资源

图片素材所在位置：云盘中的"Ch11 > 素材 > 制作饰品画册内页 > 01 ~ 21"。

文字素材所在位置：云盘中的"Ch11 > 素材 > 制作饰品画册内页 > 文字文档"。

2．制作提示

首先新建文档并制作 01 页内容，其次添加 02 页内容，再次制作 03 页内容，最后制作 04 页内容。

3．制作要点

使用"矩形工具""添加锚点工具""删除锚点工具""贴入内部"命令制作图片剪切效果，使用"文字工具""矩形工具"和"字符"面板添加标题及相关信息，使用"垂直翻转"按钮、"效果"面板和"渐变羽化"命令制作图片倒影效果，使用"投影"命令为图片添加投影效果。

微课　制作饰品画册内页 1　　微课　制作饰品画册内页 2　　微课　制作饰品画册内页 3